Quadros
GEOGRÁFICOS

Paulo Cesar da Costa Gomes

Quadros GEOGRÁFICOS

Uma forma de ver, uma forma de pensar

2ª edição

Rio de Janeiro | 2022

Copyright ©Paulo Cesar da Costa Gomes, 2017

Capa: Sérgio Campante

Ilustração de capa e guarda: Geografia das plantas equinociais: quadro físico dos Andes e países vizinhos elaborado segundo observações e medidas tomadas sobre os lugares a partir do 10º grau de latitude boreal até o 10º de latitude austral em 1799, 1800, 1801, 1802 e 1803. Por Alexandre von Humboldt e Aimé Bonpland. Reproduzido por permissão da Biblioteca Nacional da França (*Bibliothèque nationale de France*)

Texto revisado segundo o novo
Acordo Ortográfico da Língua Portuguesa

2022
Impresso no Brasil
Printed in Brazil

CIP-BRASIL. CATALOGAÇÃO NA PUBLICAÇÃO
SINDICATO NACIONAL DOS EDITORES DE LIVROS, RJ

Gomes, Paulo Cesar da Costa

G616q Quadros geográficos: uma forma de ver, uma forma de pensar /
2ª ed. Paulo Cesar da Costa Gomes. – 2ª ed. – Rio de Janeiro:
Bertrand Brasil, 2022.

Inclui bibliografia
ISBN: 978-85-286-2245-4

1. Geografia humana. I. Título.

17-44312

CDD: 304.2
CDU: 911.3

Todos os direitos reservados pela:
EDITORA BERTRAND BRASIL LTDA.
Rua Argentina, 171 – 3º andar – São Cristóvão
20921-380 – Rio de Janeiro – RJ
Tel.: (21) 2585-2000

Não é permitida a reprodução total ou parcial desta obra, por quaisquer meios, sem a prévia autorização por escrito da Editora.

Atendimento e venda direta ao leitor:
sac@record.com.br

Sumário

Nota do autor — 7
Prefácio — 9
Introdução: Geografias e Mundos — 13

Lendo Kant — 23
Culturas visuais diversas: descrições e narrativas — 29
A *Naturgemälde* é um quadro; mapas são quadros. — 35
Os quadros geográficos na obra de Humboldt — 45
As cosmovisões — 61
A Geografia apresenta o mundo — 67
Imago Mundi nas cosmografias renascentistas — 81
Outros quadros geográficos — 93
Outros mundos — 99
Descrevendo quadros com Vidal de la Blache — 107
Modos e instrumentos da descrição — 121
Imagem, imaginários: quadros para a
   imaginação geográfica — 131

Conclusão: A Geografia é uma forma de pensar! — 143
Bibliografia — 147

Nota do autor

Este livro levou quase duas décadas sendo pensado, mas foi escrito rapidamente. As ideias já existiam, tinham sido exploradas em diferentes ocasiões com diversos públicos. Entre os mais frequentes interlocutores ao longo desses muitos anos de reflexão estão dois especiais colaboradores: Vincent Berdoulay e Leticia Parente Ribeiro. Eles gentilmente leram os originais, fizeram observações e trouxeram algumas importantes retificações. Evidentemente, como é de praxe deixar claro, a responsabilidade sobre as opiniões e análises contidas neste texto é toda minha. Tenho, entretanto, o imenso prazer de contar com os comentários deles, no prefácio e nas orelhas, para a edição do livro.

O desejo inicial era escrever um artigo, porém, o acúmulo de questões a discutir demonstrou logo que o tamanho de um artigo seria inapropriado. Então por que não escrever um livro? Algo pequeno, denso e consistente, sem muitas notas, sem discussões paralelas. Ao contrário de outros autores, tenho sentido que, quanto mais o tempo avança, mais econômico nas palavras quero ser. Embora a intenção tenha sido preservada, o resultado não foi exatamente o que havia sido previsto. Percebi que algumas frases, muito concisas, ficariam quase incompreensíveis e fui obrigado a estendê-las. Não poderia tampouco omitir as fontes das quais retirei o material, daí as numerosas notas de rodapé. Nem poderia sempre me furtar a alongar um pouco a discussão sobre temas que, sem serem centrais, apareciam com importância, fazendo surgir mais texto e mais notas. Até a última leitura e revisão, tive de resistir fortemente ao desejo de acrescentar inúmeras informações e comentários, o que, sem dúvida, enriqueceria o texto, mas não acrescentaria novos desenvolvimentos e, por isso, foram, com algum pesar, descartados.

A convicção de que a Geografia é uma disciplina consistente, relevante e de resultados surpreendentes só vem aumentando ao longo dos anos em que a venho praticando. Pode ser que hoje eu sinta cada vez menos a necessidade de me justificar sobre isso. Este livro é, talvez, a prova de ter chegado ao ápice dessa convicção. A Geografia é uma forma de pensar, e disso estou serenamente consciente.

Prefácio

Aqui está um belo trabalho, de formato conciso, mas de longo alcance. Ele irá encantar todos aqueles que, de alguma forma, direta ou indiretamente, se interessam pela questão geográfica por excelência: por que um determinado fenômeno está localizado ali? O autor, Paulo Cesar da Costa Gomes, usando uma linguagem simples e acessível, nos conduz a uma viagem intelectual fascinante na qual se cruzam pensadores, cientistas, filósofos e artistas de diferentes línguas e períodos históricos, desde a Antiguidade até os dias de hoje. É um ensaio brilhante sobre os *Quadros geográficos*, mas, na verdade, mostra a originalidade e o interesse do olhar e do pensamento geográfico, tanto para o geógrafo quanto para o não especialista, tenha ele um espírito científico ou filosófico.

O professor de Geografia Paulo Cesar da Costa Gomes já é bastante conhecido por sua envergadura intelectual internacional e pela grande originalidade de sua pesquisa em temas como a modernidade, a história das ideias ou o espaço público urbano. Nós o reencontramos em plena maturidade nesta obra profunda que se edifica, resumindo parcialmente sua grande experiência adquirida até agora. É reconfortante constatar que esta experiência não está a serviço de conclusões normativas. Pelo contrário, a vasta cultura mobilizada por ele serve para renovar nossas concepções e ampliar perspectivas para além dos caminhos conhecidos, convida-nos a aproveitar ao máximo as potencialidades do olhar geográfico.

O que o autor demonstra é que a Geografia — no sentido mais amplo — é uma forma de pensamento e se fundamenta em uma maneira de ver. Evidentemente, essa forma de pensar não é prerrogativa única da Geografia como disciplina acadêmica, mas cabe ao especialista em geografia, no entanto, explorar esse veio, reconhecendo o lugar central dele em seu questionamento e em sua abordagem. Assim, de acordo com o autor, a Geografia pode melhor contribuir no desenvolvimento do conhecimento.

Ele já havia sido um pioneiro em seu campo quando chamou a atenção para a importância das imagens e do visual nos problemas geográficos. Na sistematização de seu pensamento oferecido neste livro, rico em discussões de grandes autores e grandes questões filosóficas e científicas, que me seja permitido enfatizar, especialmente, as reflexões notáveis e bastantes inovadoras sobre os estoicos, sobre Kant e sobre Alexander von Humboldt. A originalidade, a semelhança ou mesmo o parentesco entre esses pensadores são abundantemente demonstrados. Não poderemos mais tratar deles na história das ideias sem levar em conta as considerações tratadas neste livro. Da mesma forma, Paulo Cesar da Costa Gomes ultrapassa as clássicas oposições apresentadas na história do pensamento geográfico, como entre a abordagem quantitativa e qualitativa ou entre a geografia física e a humana. Essas oposições frequentemente remontadas desde Erastóstenes e Possidônios aqui estão, na verdade, reconciliadas pela partilha de uma mesma maneira de olhar e de construir questões. Muitos outros estereótipos que se observam nas histórias muito pouco eruditas da geografia acadêmica também são desafiados por este trabalho.

Ao ancorar sua reflexão na história das ideias e no desenvolvimento científico recente, tirando partido do olhar e do método oferecido pela noção de quadro, o autor traça um caminho epistemológico que lhe permite não submeter a Geografia à subserviência de um modelo, seja ele positivista ou fenomenológico. Assim, a importância dada pelo autor para os sistemas de localização de pessoas, objetos ou fenômenos como questão central na Geografia, não o leva ao "espacialismo" que teve seu auge nos chamados anos da revolução quantitativa de 1950-1960. Da mesma forma, indo da imagem ao texto e vice-versa, o autor mostra como a descrição geográfica merece ser revalorizada. Como o autor escreve, precisamos mais de uma apresentação do mundo do que de sua representação.

Fundamentalmente este livro é um belo convite para redescobrir o que faz a força — e a perenidade — da investigação geográfica, e isso não apenas para o geógrafo. Sem deixar à margem as explicações do nosso mundo contemporâneo e as perguntas sobre seu futuro, ele nos encoraja a buscar outras chaves para seu entendimento. Ao praticar um olhar diferente, essencialmente geográfico, sobre o mundo, torna-se possível pensá-lo de outra forma.

Vincent Berdoulay
Presidente honorário da
Comissão de História da Geografia
União Geográfica Internacional-UGI

Introdução: Geografias e Mundos

> *"Quantos da Terra e do Céu nasceram, filhos os mais temíveis, detestava-os o pai dês o começo: tão logo cada um deles nascia a todos ocultava, à luz não os permitindo, na cova da Terra. Alegrava-se na maligna obra o Céu. Por dentro gemia a Terra prodigiosa atulhada, e urdiu dolosa e maligna arte."* Hesíodo (≈750 a. C), Teogonia.

O que é a Geografia? É uma forma de pensar. É disso que aqui se trata. Este texto é uma ousada tentativa de demonstração de que, para além daquelas acepções que costumeiramente temos da Geografia, ela é também uma maneira, original e potente, de organizar o pensamento. Essa tentativa de demonstração é, sem dúvida, temerária — temerária pela amplitude que abarca, temerária pela pretensão que encerra, temerária ainda pela extensão relativamente pequena que propusemos para construir a argumentação necessária à sustentação dessa afirmativa. Para diminuirmos os riscos, diremos que não se trata propriamente de uma afirmação, mas de uma hipótese. Ainda assim, a tarefa se anuncia árdua. É preciso contar com a indulgência do leitor para os largos passos e as omissões que são forçosas nesse tipo de exercício argumentativo. É preciso contar também com sua erudição para preencher as eventuais lacunas deixadas nos assuntos que, sem serem secundários, não são exatamente centrais e não foram, por isso, suficientemente desenvolvidos. No entanto, contamos, sobretudo, com a curiosidade e o espírito aberto do leitor para se deixar conduzir por esse percurso, mesmo que isso necessariamente não o leve, ao final, a se convencer. Instaurar a dúvida e o debate, recompor explicações e revisitar procedimentos significa sempre um avanço na atividade científica, mesmo quando isso não se mostra suficiente para demover completamente as posições já estabelecidas.

O que é a Geografia? A pergunta de aparência tão simples se dirige ao que de mais importante existe em um campo do conhecimento, sua especificidade, sua identidade. A partir disso, todo o edifício cognitivo desse campo, suas propriedades, sua relevância, suas competências, sua finalidade e, sobretudo, seus sistemas explicativos podem ser discutidos. Atrás da aparente simplicidade da formulação da pergunta ergue-se um mundo de questões. Trata-se pois de um convite a uma discussão propriamente epistemológica, pois incide diretamente sobre as condições de produção do conhecimento, sua consistência lógica, seus sistemas de validade.

O que é a Geografia?[1] A essa pergunta tão comum muitas vezes sucede também uma habitual resposta. Com insistência se diz que a Geografia, como aliás o próprio nome indica, é a ciência que estuda o espaço terrestre. A composição da palavra, formada a partir da justaposição de *geo*, terra, e *grafos*, escrita

---
[1] Em 1887, Harold Mackinder (1861-1947) proferiu uma palestra na Real Sociedade de Geografia britânica partindo dessa pergunta. A resposta sublinhava o desafio de criar um ramo de conhecimento que não seria mais dependente dos relatos de aventuras por terras desconhecidas, uma vez que elas não mais existiam àquela época. A Geografia seria a ciência que apresentaria a organização do mundo como o resultado de uma interação entre a sociedade e a "geografia física". A cartografia era para ele um elemento fundamental nessa tarefa. (Mackinder, 1887, p. 142.)

ou descrição, responderia assim perfeitamente à questão.[2] Esse recurso à etimologia é um dos mais corriqueiros expedientes de apresentação geral da Geografia, sobretudo para um público escolar ou quando dirigido a uma audiência menos familiarizada com a disciplina. Está resolvido o problema? Não. Nem sempre a etimologia ou a constituição da palavra é capaz de informar completamente a respeito de seus usos e significados. Muitas palavras viveram transformações nos seus sentidos originais e, algumas vezes, no emprego corrente nada, ou pouca coisa, guardam dos seus significados etimológicos de origem.

Não precisaríamos recorrer ao texto sobre as palavras e as coisas de Foucault (1926-1984) para dizer que os significados das palavras variam segundo um percurso historicamente muito diverso (Foucault, 1966). A cada época e em cada lugar configura-se um terreno de sentidos associados, no qual uma coisa, um conceito, uma atitude encontram diferentes significações, embora, quando de longe olhamos para o conjunto da história, possam parecer unificadas, pois se trata da mesma palavra. A pretendida similaridade das significações é assim avocada pelo simples fato de se tratar de uma mesma denominação, sem qualquer outra consideração sobre os contextos que alteram os sentidos veiculados.

Não se deve, todavia, concluir de forma apressada que qualquer apelo à etimologia como forma de explicação estaria fadado ao equívoco da extemporaneidade. Há, na origem de uma palavra, uma ideia que, no momento em que foi concebida, trouxe uma

---

[2] A palavra grega *graphein* tem múltiplos sentidos: marcar, desenhar, registrar e inscrever. Já a palavra *mapa* tem origem no latim *mappa* que significa toalha de mesa ou guardanapo e como *carta*, utilizada em vários idiomas, indica uma superfície onde se procede a uma inscrição. Finalmente, se recuarmos à palavra grega que denominava um mapa encontraremos *pinax*, que é uma placa de metal, madeira ou pedra onde se gravava palavras ou imagens. (Brotton, 2014, p. 11.)

nova concepção ou, pelo menos, designou com clareza algo que antes assim não havia sido feito. Discutir o "terreno" onde essa palavra se formou significa, pois, estabelecer a rede de associações que naquele momento ela mantinha com outras ideias. Acompanhar o desenvolvimento e o uso que ela posteriormente teve nos faz compreender algumas das mudanças dessas ideias em outros tempos, contextos e situações.

Esse é o caso da palavra Geografia. O que ela designa hoje? Que relações existem entre o movimento de ideias que a conceberam e a evolução que teve? Em que medida houve um afastamento e que rastreamento é possível estabelecer nos diferentes usos e compreensões que essa denominação recobriu? Evidentemente, não há nem de longe a pretensão de descrever aqui a longuíssima e complexa trajetória de todos os sentidos que a palavra *geografia* possa ter incorporado ao longo da história. Essa tarefa é por demais ampla e exigiria um esforço, sem dúvida, muito maior do que aquele que cabe nas ambições esboçadas no presente trabalho. Além disso, a natureza desse esforço também seria diferente, pois diria respeito muito mais à pura erudição do que propriamente a um exercício de reflexão como o que está sendo procurado aqui. Por tudo isso, é preferível, modestamente, afirmar com clareza que o exercício proposto tentará apenas reconhecer, ainda que de forma exploratória, algumas continuidades e novidades nas formas que empregamos esta ideia — Geografia.

Como é possível notar, não se busca, a exemplo da reconhecida conduta de R. Hartshorne (1899-1992), uma "natureza" fundamental e própria, que apareceria pelo exame minucioso da evolução das diferentes concepções de Geografia e suas práticas (Hartshorne, 1939). Nessa perspectiva, a verdadeira Geografia apareceria evidente naqueles aspectos que sempre a acompanharam. O exaustivo exame da trajetória na história das ideias geográficas seria assim o caminho para o reconhecimento daquilo que se apresenta como o fundamento desse tipo de conhecimento. Definitivamente, não é o caso aqui. Não se busca tampouco procurar, como nas abordagens de cunho fenomenológico, sobretudo aquelas inspiradas em Husserl (1859-1938), uma essência que não é um conceito genérico obtido pela indução, comum a uma pluralidade de fatos, mas algo anterior à experiência e imanente aos objetos ou fenômenos (Husserl, 1970).

Diferentemente dessas abordagens, guiam-nos na discussão da identidade da Geografia as possibilidades de apreender o sentido desse campo, que o rediscutem e o renovam. A maneira pela qual uma compreensão diversa se enxerta é o melhor indício de que há um contínuo jogo de transformações e de permanências que a cada momento se reestrutura. As maneiras de identificar, de pensar e de fazer aquilo que chamamos de Geografia são, por isso, o material básico dessa reflexão.

Comecemos, portanto, identificando três domínios ou três formas que hoje correspondem ao que compreendemos como "geográfico", ou seja, a qualidade de ser da Geografia. Pode-se dizer que o primeiro desses domínios é uma forma de sensibilidade, uma espécie de impressão causada pela dimensão espacial. Trata-se de uma capacidade de situar coisas no espaço e de nos situarmos nele, ou seja, de dirigirmos os movimentos do corpo no espaço. Corresponde, sobretudo, também à capacidade de saber se orientar, de constituir traçados entre coisas diversas que estão dispersas no espaço. O ser humano, antes mesmo de começar a refletir, é capaz de estender o braço para alcançar alguma coisa, de se deslocar na direção de algo. Por isso, podemos nos juntar a Kant (1724-1804) e dizer que a existência da dimensão espacial é anterior à percepção. Podemos perceber algo, pois esse algo está apartado de nós, mas dividimos com ele um mesmo plano de existência; nesse caso, um mesmo espaço. Igual propósito pode ser afirmado em relação ao tempo e, por isso, essas duas categorias, espaço e tempo, são na *Estética Transcendental* kantiana categorias *a priori* do conhecimento. Essa sensibilidade espacial é simples de perceber nos outros animais a quem, em geral, não atribuímos nenhuma capacidade de reflexão, e essa "sensibilidade" é concebida, sem muitos problemas, como um atributo atávico. Animais sabem se orientar, deslocam-se em busca de água, de alimentos ou de melhores condições climáticas sazonais. Nesses deslocamentos, estabelecem rotas, conhecem direções, instituem destinos com precisão. Os exemplos são inúmeros, grandes mamíferos, pássaros, insetos, peixes, todos dividem essa mesma capacidade, essa mesma sensibilidade. Na espécie humana temos dificuldade de isolar o que se deve exclusivamente a essa sensibilidade, pois há um segundo domínio que se desenvolve e, em virtude de estarem tão amalgamados, não conseguimos distinguir o que seria apenas atribuível à pura sensibilidade.[3]

A esse segundo domínio ao qual também unimos o nome de Geografia corresponde uma forma de inteligência. Na espécie humana, o desenvolvimento da cultura faz essa inteligência espacial compor um conjunto de conhecimentos que são estabilizados e transmitidos. Como nos ensina Bosi (1936-), a ideia de cultura em suas origens significou o enraizamento dos grupos humanos à terra, o que podemos traduzir como um sistema de posições sedentarizadas (Bosi, 1992). Desde os mais primitivos e recuados grupamentos humanos, temos o desenvolvimento de comportamentos espaciais aos quais podemos atribuir o nome de Geografia. Esses grupos estabelecem qualificações, classificações dos espaços, roteiros, delimitações e, sobretudo, localizações.

---

[3] Uma boa discussão sobre esse tema pode ser encontrada em Ellar (2009).

A denominação assim conferida como *geografia* traduz o conhecimento que esses grupos humanos detêm do ambiente onde vivem. Tal conhecimento é fundado pelas respostas simples à pergunta construída a partir do advérbio interrogativo *onde*. A justo título dizemos, pois, a Geografia dos Ianomâmis, a dos Maoris, dos Massais, dos Inuits etc., e a expressão *geografia* assim se refere nesse caso ao conjunto articulado de conhecimentos e comportamentos espaciais que são vividos e dão forma a esses grupos sociais. Alguns geógrafos denominam essas geografias como vernaculares (Claval, 2001).[4]

O terceiro domínio para o qual usamos essa designação de Geografia é o ramo do conhecimento que, desde um passado remoto, se consagra ao estudo e à especulação sobre as causas e formas de entendimento da dispersão. Dito de outra forma, essa Geografia é o campo ou área de interesse que reúne inúmeras tradições, todas preocupadas em responder à questão do porquê da lógica das localizações, seja ela ordenada pelos elementos naturais ou pelos humanos. No mundo moderno, esse ramo do conhecimento se estabilizou sob a denominação de Geografia e corresponde ao que concebemos como a ciência geográfica. Ao se institucionalizar, houve a regularização dos protocolos de pesquisa, dos temas mais correntes, dos procedimentos mais aceitos, entre outras características que moldam e dão unidade à área do conhecimento. A despeito de muitas discussões acerca da melhor definição dessa Geografia, é possível certo consenso

---

[4] Um dos exemplos trazidos diz respeito ao estudo da orientação espacial dos Inuitnait, no extremo norte do Canadá (Collignon, 1996). A maneira como essa população encontra sinais e marcas na paisagem, aparentemente uniforme, igualmente branca e, por vezes, envolta em nevoeiros e borrascas, pode nos indicar justamente a ambígua fronteira de uma Geografia situada entre uma forma de intuição e uma forma de inteligência.

entre os geógrafos quando dizemos que nossa curiosidade se dirige para produzir explicações sobre os sistemas de lugares. As maiores dúvidas são de natureza teórico-metodológica, ou seja, discute-se muito mais sobre os caminhos necessários para obter bons resultados em vez de propriamente sobre o que nos reúne em torno dessa denominação, o interesse comum sobre a dimensão espacial dos fenômenos. Em outras palavras, diríamos que a Geografia é o campo de estudos que interpreta as razões pelas quais coisas diversas estão situadas em posições diferentes ou por que as situações espaciais diversas podem explicar qualidades diferentes de objetos, coisas, pessoas e fenômenos. Trata-se de uma forma de construir questões, ou seja, a curiosidade de saber em que medida o sistema de localização pode ser um elemento explicativo. Evidentemente, a discussão metodológica não deixa de incidir sobre a delimitação e os temas que devem ser abordados e, nesse sentido, age também sobre a leitura que fazemos da essência dessa ciência geográfica em diferentes momentos e orientações.

Essas três acepções atribuídas à palavra *geografia*, embora muito raramente sejam apresentadas como relacionadas, são praticadas comumente na linguagem cotidiana. Cada uma delas corresponde a um mundo particular, com seu domínio autônomo, suas próprias práticas e significações. Cada um desses mundos possui sua particular ordem.[5] Aqui, como tentamos mostrar, essas

---

[5] A palavra *ordem* será sempre empregada no sentido filosófico, ou seja, brevemente, como um sistema operado por uma lógica ou uma coerência. É preciso ter em mente que o próprio conceito em filosofia pode se associar a um finalismo, como na Antiguidade; à necessidade, como predominante na ciência moderna; e, finalmente, à contingência, como na ciência contemporânea. De qualquer maneira, a ideia de "Cosmos" e de "Mundo" só tem sentido se pensamos essas categorias como sistemas ordenados. A compreensão comum da palavra como qualidade de apresentar boa organização, equilíbrio ou estabilidade permanente e positiva deve ser aqui evitada, pois não corresponde aos nossos propósitos.

Geografias e esses mundos compartilham um núcleo comum e orbitam o mesmo interesse na localização de coisas, fenômenos e pessoas e, por isso, há sentido para que guardem essa mesma denominação de Geografia. É verdade, entretanto, que há muitas tensões na aceitação de formarem um conjunto, e muitos autores procuram exegeses pelas quais uma delas teria prioridade ou mais qualidades que as outras. Não é o momento para estender esse debate, pois, na forma como orientamos a presente argumentação, essas três acepções constituem o preâmbulo para a formulação de uma quarta possibilidade a orbitar o mesmo interesse: a de que a Geografia é também uma forma autônoma de estruturar o pensamento, uma forma original de pensar. Essa é a hipótese.

Lendo Kant

Já é bastante conhecido o fato de que nos semestres de primavera-verão, entre os anos de 1756 e 1796, o renomado filósofo Immanuel Kant ministrava um curso de Geografia na cidade de Königsberg, na Prússia (hoje Kaliningrado, uma possessão russa). Dada a imensa autoridade intelectual de Kant, seu curso atraía muitos alunos e certamente teve influência sobre a maneira pela qual a Geografia, anos depois, passou a ser regularmente ensinada nas universidades. O texto conhecido como *Geografia física (Physische Geographie)* (1802, 1ª edição em alemão; 1999, tradução francesa) é composto pelas notas desses cursos e foi estabelecido, a partir de diversos fragmentos, por Friedrich T. Rink (1770-1821), seu discípulo. Muito se tem discutido sobre a consistência do trabalho de Rink, as diferentes épocas dos fragmentos que ele foi buscar e a boa capacidade de avaliação de Kant, cuja saúde já estava em pleno declínio quando deu seu aval à publicação.

Os princípios, entretanto, que justificam o mérito dessa obra não dão margem à dúvida sobre a autoria e sua importância.[6]

---

[6] No texto se encontram muitas passagens que esposam preconceitos e explicações pouco "razoáveis", algo visto por muitos comentadores como paradoxal com a abordagem criticista que caracterizou o pensamento kantiano. Sem querer participar dessa polêmica que extrapola em muito os interesses deste livro, diríamos tão somente que a capacidade de pensar o mundo, em toda a sua diversidade, de um ponto de vista crítico não é tarefa que caiba na extensão de uma vida ou de uma mente, por mais brilhante que ela seja. É uma tarefa que cabe à Geografia científica, talvez, dentre todas, a mais importante e desafiadora.

Os mesmos propósitos podem ser encontrados em outros textos de Kant e se apresentam com muita clareza na parte intitulada *Descrição física da Terra*.

Aí lemos: "Toda descrição do mundo e da Terra, se quer ser sistema, deve começar com a ideia de conjunto" (Kant, 1999 [1802]). Ainda segundo o ponto de vista de Kant, a classificação de um conjunto de coisas pode ser o resultado de dois tipos de procedimento. No primeiro, denominado por ele como lógico, as coisas são examinadas individualmente como unidades, sendo reagrupadas sob critérios lógicos. Já no segundo, as coisas devem ser classificadas e examinadas de acordo com a situação na qual aparecem. Nesse segundo tipo, é necessário não apenas vê-las dentro do conjunto original do qual fazem parte. É também necessário tomá-las como elementos situacionais, em referência à posição que ocupam nesse conjunto, nas relações de vizinhança, distância, cooperação, associação ou pela situação espacial que possuem. Por isso, mais uma vez segundo Kant, essas duas formas de proceder podem ser denominadas respectivamente como lógica e física.

A primeira, a mais conhecida pela ciência, parte da observação das características dos diversos indivíduos reunidos por um dado critério em um grupo. O exemplo fundamental trazido por Kant é a classificação das plantas proposta pelo naturalista sueco C. Lineu (1707-1778). A partir da observação dos órgãos reprodutores, as plantas poderiam ser agrupadas em 24 classes, segundo o número, a disposição e a proporção dos estames. Como vemos, a base dessa classificação é um critério que aproxima ou distingue plantas, independentemente de sua origem ou de sua situação em um local. Em outros termos, a "proximidade" nesse caso é lógica, e não física, e por isso não se funda em um critério espacial.

Já no segundo procedimento apresentado por Kant, denominado como físico, as plantas deveriam ser classificadas "com a ordem da natureza, segundo o lugar de seu nascimento ou os lugares em que a natureza as colocou" (Kant, 1999 [1802]). Dessa maneira, a classificação ou a forma de pensar não é guiada pela procura de similaridade entre os indivíduos, mas ao contrário. Parte-se e guarda-se a diversidade, pois devemos refletir sobre as coisas tal como aparecem no mundo, dentro das condições pelas quais se mostram e como partes dos conjuntos dentro dos quais se apresentam.

Seja-nos permitido, portanto, acompanhando-o, afirmar que a obediência ao princípio da localização é a condição que nos garante essa observação da diversidade — as coisas se apresentam diversas, mas juntas em um lugar. Desse modo, podemos pensar todas elas a partir das relações impostas pela sua localização. Daí deriva o fundamento da conexão que se exprime com clareza nos programas científicos da disciplina propostos por todos aqueles tidos como pioneiros do pensamento geográfico moderno. Localização e conexão foram, aliás, identificadas textualmente como princípios básicos da Geografia científica quase cem anos depois (Brunhes, 1910).

O acesso a essa segunda forma de pensar, denominada por Kant como física, é obtido pela descrição. Não confundamos aqui descrição com o inventário exaustivo. Trata-se de uma descrição que busca os vínculos e associações, que coloca coisas em relação sem partir de um critério estabelecido *a priori* e externo. A descrição busca um entendimento na maneira como os fenômenos aparecem, relacionam-se e se conectam. O termo "sistema" não deixa dúvidas sobre esse fundamento interativo dos fenômenos observados. A palavra *sistema* tem origem etimológica no verbo grego *Histanai* (ficar de pé, permanecer, estabelecer) precedido do prefixo *sys* (junto) e, por isso, significa aquilo que se organiza em conjunto, que é colocado junto ordenadamente, que ganha um novo sentido por estar em conjunto, pela reunião de diferentes partes ou coisas. A descrição é, por isso, o produto de uma forma de pensar, uma classificação física sistemática fundada segundo o espaço. Na Escola francesa de Geografia, esse procedimento foi comumente apresentado como uma *description raisonnée*[7] (descrição fundamentada, pensada). Ela nos leva a entender a estrutura de um espaço, sua "arquitetura". Por isso, um instrumento básico da descrição são as imagens. Elas são capazes de restituir a complexidade da diversidade e das múltiplas interações sobre um mesmo plano dentro de um enquadramento, são imagens de um espaço. Imagens têm constituição diversa, podem ser obtidas por traços e cores, por rastros materiais sobre uma superfície ou podem simplesmente ser construídas pela evocação textual.

Na tradução francesa da obra de Kant, *Physische Geographie*, os autores da apresentação do livro chamam a atenção na descrição proposta por Kant para aquilo que eles identificam como o frequente uso da *Hypotypose*. Trata-se de uma figura de retórica que indica uma descrição tão viva, a ponto de ser capaz de evocar uma cena ou um fato como uma imagem. Por isso, dizem eles, se aproximaria de uma cartografia. Aliás, lembram esses comentadores, a palavra *typus* (do grego: figura, impressão, marca) foi o termo utilizado por Abraham Ortelius (1527-1598) para designar seu mapa do mundo de 1571 (Prefácio, Kant, 1999 [1802], p. 31). A importância das imagens na construção dessa forma de pensar

---

[7] Essa expressão foi muitas vezes utilizada pelos autores da assim chamada Escola Francesa de Geografia, mas foi antes empregada por Humboldt, no *Cosmos*, para exprimir a diferença entre um inventário exaustivo e uma descrição que leve em consideração os elementos capazes de criar um quadro vivo e animado do ambiente físico, estabelecendo fortes e sistemáticas conexões entre eles.

"física" ou, diríamos nós, geográfica teria sido assim afirmada desde sua primeira formulação com Kant. As imagens possuem a capacidade de mostrar aos olhos do observador aquilo que ele habitualmente olha, mas não vê. Elas exigem a contemplação e o exame acurado do objeto da descrição. As escolhas do que deve figurar, dos conteúdos das imagens e as alternativas de como fazê-lo (de ponto de vista, de escala, de composição, de distâncias, de relação entre os planos etc.) são elementos de julgamento e de conhecimento.

É preciso ter em mente que essa apresentação da Geografia feita por Kant ocorreu antes de qualquer outra forma de estabelecer um programa acadêmico para a disciplina. Dados o seu prestígio e o alcance que seu nome abrangia, é muito provável que essas proposições tenham sido levadas em consideração nas pioneiras cátedras universitárias surgidas, no mínimo na Alemanha, país onde esse processo teve início. Além disso, ao consultar o *Essai sur la géographie des plantes* de Humboldt (1769-1859), publicado em 1807, que integrou depois, como primeiro volume, a obra *Voyage aux Régions Équinoxiales du Nouveau Continent* (Viagem às Terras Equinociais do Novo Continente), percebe-se muito facilmente que a construção do raciocínio de Humboldt sobre essa geografia das plantas se adapta de modo programático, quase com perfeição, aos preceitos enunciados por Kant quando exemplificou o que seria a classificação física das plantas em oposição à classificação lógica de Lineu.

Antes de continuar sob essa perspectiva o exame da obra de Humboldt, é prudente fazer breves considerações sobre diferentes culturas visuais e seus associados produtos.

Culturas visuais diversas: descrições e narrativas

Segundo a historiadora da arte Svetlana Alpers (1936-), um original modelo de cultura visual surgido na Holanda, no século XVII, desenvolveu um compromisso fundamental com a ideia de descrição (Alpers, 1983). As imagens dentro desse modelo, sejam pinturas, gravuras, mapas, são veículos direcionados para o conhecimento, sem que a intermediação de um texto se faça necessária. Ao contrário dos temas históricos ou bíblicos que haviam caracterizado a pintura renascentista italiana, os quais demandavam uma noção anterior para serem compreendidos, os temas centrais da pintura holandesa eram as cenas comuns, cotidianas. Artefatos, roupas, frutos, plantas e animais eram detalhados e reproduzidos com maestria e precisão. Essa atenção cuidadosa se estendeu também aos elementos do ambiente físico, como nuvens, casas, pastos ou cidades, que passaram a figurar como elementos de primeira ordem das pinturas. Tudo o que existe merece atenção. Para Alpers há uma distinção global entre duas grandes culturas visuais: a do Norte e a do Sul da Europa. A tradição renascentista italiana que se expandiu com muito sucesso por todo o sul da Europa repercute, reflete-se, nas narrativas, evoca eventos, conta algo. Essas narrativas representadas nas imagens são quase sempre constituídas de fatos humanos significativos para a história, religião ou vida social. A medida central é o homem. Além disso, essas imagens têm forte compromisso com a perspectiva linear que estabelece e fixa um ponto de observação central e organiza a imagem a partir dele.

Já no modelo da cultura visual do Norte, a descrição é o primordial. Trata-se de expor o mundo não como uma imitação, mas como ele se nos apresenta. O banal, o comum, o mundo tal qual nos aparece precisa ser exposto e examinado. Ao contrário da pressuposição do pintor renascentista e teórico das artes L. Alberti (1404-1472), para quem as pinturas são "janelas para o mundo", na produção imagética setentrional a imagem pintada ou desenhada é uma superfície, é plana, não há um ponto único de visão e de proporção. No jogo de contrastes, personagens quase sempre antes secundários, como os animais, podem ser muito mais centrais que os personagens humanos ou as torres da igreja. Tampouco há enquadramentos rígidos e a superfície parece se estender para além dos limites do quadro. Dessa forma, essa imagem é produzida como uma cartografia. Humboldt aparentemente endossava essa distinção dos dois estilos de pintura, pois em uma de suas palestras afirmou:

> À época do renascimento [...] encontramos o início da pintura de paisagem na escola holandesa e entre os discípulos de Van Eyck. Mais especificamente, Heinrich von Bloss, que em primeiro lugar tentou diminuir muito as figuras para assim permitir que a paisagem ganhasse em importância. Nas grandes pinturas de paisagem italiana do período tardio, as de Ticiano, Bassano e Carracci, não se encontra uma imitação precisa, especialmente da natureza exótica e elas utilizam determinados objetos de forma afetada e convencional; por exemplo, dão às palmeiras de tâmara, que imigraram do norte da África para a Sicília e Itália, uma aparência escamosa e estranha. (Humboldt, 1827, *Apud* Matos, 2004.)

Ao voltar a Alpers, agora reforçados pela observação de Humboldt, diz essa autora que mapas e pinturas holandesas no século XVII são solidários de um mesmo projeto de conhecimento obtido pela descrição do mundo. Aqueles que faziam mapas e pinturas eram conhecidos como competentes agentes dessa descrição do mundo, e também, segundo ela, geógrafos no sentido literal do termo. Aliás, muitos profissionais faziam mapas e pinturas alternadamente. É também na Holanda e nesse momento que os mapas e quadros passam a ser vendidos como mercadorias, nos ateliês e mercados, junto aos livros e às estampas. Mapas são produzidos em série e exibidos nas paredes das casas junto aos quadros. São de tal forma incorporados à vida comum que aparecem figurados, com uma reprodução rigorosa, em algumas pinturas, como nos quadros de J. Vermeer (1632-1675). Os mapas fazem parte dessa cultura visual que atribui nova autoridade à observação como fonte do conhecimento. É dentro desse movimento que se difunde a pintura de paisagens, de visões panorâmicas, de grandes composições de espaços abertos. É relevante também dar aqui a devida importância ao fato de que o tema fundamental nesse caso é um lugar, e não um evento. O desenvolvimento da agrimensura e da topografia nessa ocasião e nessa região da Europa certamente contribuiu também para o implemento de uma sensibilidade nascida da observação do mundo concreto — em lugar dos cenários bucólicos e fantasiosos que representavam uma Antiguidade idealizada, figuravam agora espaços existentes, registravam-se esses espaços com um olhar que prefigurava a maneira fotográfica.

Alpers aproxima essa concepção dos preceitos trazidos por Francis Bacon (1561-1626) e do importante papel que ele reservava à observação e à comparação no método das ciências, no que ficou conhecido como empirismo inglês. Ela lembra também que o desenvolvimento de lentes e de aparelhos óticos nos Países Baixos multiplicou a possibilidade de identificar elementos constituintes só visíveis em outra escala. Abriram-se os interiores das coisas e o que parecia uniforme e único se mostrava então como produto de uma composição. Há conjuntos de elementos diversos que se juntam e dão a aparência de união, mas agora podem ser decompostos e observados separadamente. Isso significou a descoberta de outro *novo mundo*, acessível então por meio de tais instrumentos óticos.[8] Esses "novos mundos", tanto o das novas terras encontradas quanto aquele que se descobria pelos instrumentos óticos, podiam não apenas ser conhecidos ("vistos") por meio de exposições imagéticas, mas também ser descritos em detalhes, representados, desenhados, pintados. Não se tratava mais de buscar semelhanças entre os elementos que apareciam, era preciso discernir diversidades, variedades, aspectos específicos, como bem identificou Foucault, como uma marca característica desse período (Foucault, 1966).

Restava, todavia, sempre a questão de saber se o conhecimento proviria somente da observação e das experiências acessíveis pelos meios sensoriais, potencializados então por esses novos instrumentos óticos e de medição, como sustentava a doutrina empirista fundada nos argumentos de Bacon, de John Locke (1632-1704) ou de David Hume (1711-1776) ou se o acesso fundamental ao

---

[8] A invenção do microscópio é atribuída a uma família holandesa de fabricantes de lentes em finais do século XVI. Seu uso para fins científicos, no entanto, só se difundiu um pouco depois. O inglês Robert Hooke (1635-1703), por exemplo, escreveu em 1665 um livro denominado *Micrografia*, no qual apresentava a ideia da descoberta de um "novo mundo" por meio desse aparelho. Alguns anos mais adiante, o também holandês de Deft, A. Leeuwenhoek (1632-1723), amigo muito próximo do pintor Jan Vermeer, aplicou-se a fazer observações de variados materiais e descreveu pela primeira vez glóbulos sanguíneos, bactérias, espermatozoides etc. (Rostand,1945, p. 9-21).

verdadeiro conhecimento seria exclusividade do uso da razão, como queriam os descendentes de René Descartes (1596-1650), os quais arguiam a falta de objetividade e a imprecisão dos sentidos em nossas experiências no mundo. Essa dualidade incidia diretamente sobre os procedimentos recomendados à ciência durante os séculos XVII e XVIII — observações diretas, métodos experimentais e descrições ou modelos abstratos e métodos matemáticos; enfim, ciências indutivas ou ciências dedutivas?

Reconhecidamente, ao final do século XVIII, uma das maiores contribuições à ciência moderna foi trazida por Kant. Ele trouxe uma resposta consistente ao dilema que opunha as duas linhas doutrinárias: empiristas e racionalistas. O acesso ao conhecimento não nos é dado diretamente pela sensibilidade. Tampouco surge da simples atividade mental, desligada de qualquer experiência. A sensibilidade nos informa e nos guia, mas já é conformada por categorias, as quais, embora frutos do entendimento, são elaboradas, pensadas e testadas pela experiência no mundo. Assim, pensamos com categorias definidas pelo reconhecimento da variedade das coisas existentes, dependemos delas para pensar.

Reconheçamos que a atividade de observar o mundo e descrevê-lo é fundamental, mas se dá a partir de instrumentos gerais. São nossas refletidas categorias que avaliam os aspectos sob os quais se manifesta a variedade — temperaturas diferentes em lugares distintos, por exemplo. O conhecimento é essa atividade complexa que se constrói pela observação do mundo guiado por categorias que são elas mesmas fundadas na experiência do mundo. A análise sistemática dessas informações e a associação que podemos construir logicamente compõem, em grande parte, o programa da ciência moderna.

A Geografia, mais tarde, sobretudo no correr do século XX, resserviu-se muitas vezes dessa antiga querela entre empiristas e racionalistas. Como frequentemente acontece, no entanto, no "reaparecimento" de debates em que os avanços não são considerados, as posições costumam reemergir extremadas e transformam-se em verdadeiras caricaturas. Assim, na bibliografia geográfica, esse debate reapareceu sob a forma de oposições que pareciam criar "escolas" completamente excludentes, como o geógrafo de gabinete *versus* o geógrafo de campo, Geografia empirista *versus* Geografia analítica, excepcionalismo *versus* generalização. Tentava-se, dessa forma, reaquecer os mesmos velhos argumentos entre posições empiristas e racionalistas ou entre realismo e idealismo. Tudo isso, no entanto, ao custo da total desconsideração da contribuição da filosofia kantiana que proporcionou a abertura do caminho para a ciência moderna. Além de obstaculizar o desenvolvimento do debate epistemológico em Geografia, operar a partir de posições assim extremas tem do mesmo modo o demérito de prejudicar o reconhecimento do esforço teórico-metodológico do trabalho de alguns geógrafos que, a exemplo de Humboldt e de muitos outros, não organizaram suas ideias geográficas com base nessas duas posições caricatas, mas a elas se veem por vezes reduzidos.

A *Naturgemälde* é um quadro; mapas são quadros.

Que me seja permitido utilizar o instrumento que descrevo para explicar aquilo que proponho. Não quero dizer que Humboldt tenha sido influenciado diretamente pelas proposições de Kant, pela *Crítica da Razão Pura* (1987, [1781]) ou pelas notas do curso de Geografia Física de Kant coletadas por Rink. O recurso à ideia de um quadro nos ajuda a escapar do raciocínio simplista *post hoc ergo propter hoc* (depois disso; logo, por isso). Há inúmeras evidências de que Humboldt leu as obras de Kant, como, aliás, grande parte dos intelectuais de sua geração também o fez, dado o renome desse filósofo. Entretanto, não sabemos como o fez, se prestou atenção, se deu importância e se foi efetivamente marcado por aquilo exposto nessas obras. Sabemos, no entanto, que esses dois personagens compartilharam um espaço intelectual semelhante, assim como viveram momentos nos quais certo número de questões era parte desse ambiente. Algumas dessas questões foram tratadas pelos dois. Uma especificamente parece comum a ambos e indaga sobre as possibilidades de produzir um conhecimento científico da natureza e sobre os instrumentos teórico-metodológicos que poderiam ser úteis nessa empreitada. Enfim, sabemos que fazem parte do mesmo "quadro", são elementos integrantes de uma mesma composição. Embora isso não nos autorize a traçar uma relação direta entre eles, permite-nos, sem dúvida, associar aspectos e perspectivas, uma vez que estão os dois localizados no interior desse mesmo delimitador, o "quadro". Eis um dos aspectos fundamentais de uma análise que não isola elementos e não tenta relacioná-los como variáveis unidas pelos graus de dependência que entre elas porventura existem. Fazer parte do quadro significa estar exposto ao mesmo ambiente, encontrar conexões múltiplas pelo jogo de posições, partir da localização para pensar relações, julgar proximidades ou distâncias. Então, nesse caso, encontrar conexões não significa estabelecer uma dependência necessária entre variáveis, o quadro coloca variáveis no mesmo plano e demonstra a multiplicidade de possibilidades de análise com diferentes considerações sobre os outros aspectos que aí figuram. Aproxima-se, assim, da análise que podemos fazer de um mapa.

O mapa tem sido frequentemente apontado como um instrumento de base da ação de pensar geograficamente.[9] Por esse motivo é concebido como a imagem-padrão para exprimir as características geográficas dos fenômenos. De fato, tal qual a composição de um quadro em que figura uma paisagem, um mapa representa uma superfície na qual elementos diversos são apresentados segundo princípios básicos de localização, extensão e morfologia (Farinelli, 2013). Um mapa indica que há conexões entre os diversos elementos ali presentes, mas não exaure as possibilidades da compreensão. As conexões são, sobretudo, sugeridas pelo jogo de localizações que a

---

[9] O livro do conhecido geógrafo Gunnar Olsson (1935-) sustenta a ideia de que a ciência e, portanto, também a Geografia pensam cartograficamente e utilizam sua linguagem (Olsson, 2007). Já no subtítulo, há, como se percebe, uma clara referência às publicações mais importantes de Kant, suas três críticas, da razão pura, da prática e do julgamento.

composição cartográfica exibe. Dessa forma, um mapa apresenta uma superfície, descreve lugares, expõe a diversidade de elementos e de situações. O mapa é um quadro.

Se nos for permitido assim afirmar, então o instrumento básico do pensar geográfico é o quadro. O mapa é um tipo de quadro dentre outros: desenhos, croquis, cartogramas, blocos-diagramas, fotos, esquemas, pinturas, descrições etc. Todos esses compartilham algumas qualidades. A figuração da localização é a primeira delas. A segunda é a diversidade, seja de um elemento ou, como é mais comum, a figuração de vários deles unidos pelo enquadramento e por uma escala de representação proporcional.

Já estamos aptos a voltar a Humboldt e a examinar uma de suas mais importantes proposições, a da *Naturgemälde*. O termo pode ser traduzido como "pintura da natureza", mas rapidamente compreendemos em seu emprego mais do que uma simples figuração de uma paisagem ou de um lugar. Desde a primeira grande publicação de Humboldt, o *Essai sur la géographie des plantes* (Humboldt, 1805), uma imagem denominada *Naturgemälde* ocupava um lugar privilegiado em sua exposição.[10] A imagem não era mera ilustração de um propósito antes explicado no texto, tampouco um exemplo de algo existente com um caráter puramente mimético. Não era uma pintura no sentido comum desse termo.

Trata-se do perfil de montanhas. Ao lado, no ápice da elevação, está indicado Chimborazo e registra o dia e a altitude alcançada por Humboldt, Aimé Bonpland (1773-1858) e Juan Pio Montúfar

---

[10] Os livros, em francês e em alemão, parecem ter surgido no mesmo tempo apesar de a data da publicação em francês ser de 1805 e em alemão de 1807. Não há indicações precisas do idioma em que a obra foi inicialmente redigida uma vez que Humboldt escrevia frequentemente em alemão e em francês. Em alemão o título era *Ideen zu einer Geographie der Pflanzen nebst einem Naturgemälde der Tropenländer*. Antes dessa data, Humboldt havia escrito apenas alguns artigos e pequenos textos sobre mineralogia, geologia e botânica.

(1758-1819) naquela que era considerada a montanha mais alta do mundo. À direita, no cume com um cone vulcânico emitindo fumaça, há a indicação do Cotopaxi, ambos situados no Equador. No espaço do céu são indicadas comparativamente as altitudes de outras montanhas, situadas na Europa e na Ásia, e há ainda a marca da altitude atingida pelo físico francês Gay-Lussac (1778-1850) em um balão, acompanhada das medidas das forças magnéticas e da quantidade de oxigênio registradas nesse ponto. O desenho da montanha, do lado esquerdo, apresenta os aspectos visíveis em seu conjunto, a densa e verdejante vegetação das áreas mais baixas, a gradativa diminuição do volume e do aspecto verde, logo depois as rochas nuas e, acima delas, as neves. No lado direito do desenho da montanha estão assinaladas as diferentes espécies vegetais que aparecem dispostas segundo a altitude. Determinadas anotações aí também apontam o limite máximo de altitude alcançado por algumas espécies.

Dos dois lados do desenho, ocupando duas largas faixas nas extremidades, estão dispostas colunas — vinte no total. Cada uma contém informações sobre diferentes aspectos que variam segundo a altitude: refração, visibilidade das montanhas, tipos de cultivos, de fenômenos elétricos, força gravitacional, tipos de animais, composição química do ar etc. Os dados nas colunas podem ser lidos de três formas: no sentido vertical, comparando as modificações sucessivas de um aspecto segundo a variação da altitude; no sentido horizontal, comparando e fazendo correspondências entre as variações de diferentes aspectos segundo a altitude; e a terceira, relacionando os dados expostos nas colunas com as espécies vegetais anotadas sobre o desenho e correlacionando-os ao aspecto visível que nos é dado pela figuração da montanha no desenho.

De fato, dois aspectos fundamentais do conhecimento geográfico estão presentes nessa prancha: localização e situação das plantas. Sabemos onde aparecem em termos de altitude, sabemos também que outras espécies estão situadas em posições relativas e sabemos, por fim, as condições ambientais em que aparecem, pois estão assinaladas nas colunas. Há um mundo de possibilidades de cruzamentos e associações que podem ser feitos com base nos dados assim expostos. Essas associações estão sempre relacionadas à localização das informações, sejam elas as espécies vegetais, sejam as outras informações aí anotadas segundo o critério da altitude.[11] Por isso, podemos sem qualquer sombra de dúvida dizer que são informações geográficas oferecidas ao exame por meio dessa imagem.

Desse modo, podemos muito bem e sem qualquer dificuldade afirmar que as informações trazidas na imagem da *Naturgemälde* de Humboldt apresentam informações localizadas, situadas, e que essas informações, por se apresentarem em conjunto, ou seja, sobre um mesmo plano, organizado segundo o lugar que ocupam, compõem aquilo que normalmente chamamos de um sistema, nesse caso um sistema físico. Que fique, portanto, registrado que, na prática e de maneira muito própria, Humboldt construiu aí um sistema original de informações geográficas.

Por isso, talvez muitos historiadores da Geografia não hesitem em atribuir a paternidade da Geografia moderna a ele e quase de modo unânime materializem essa certidão de nascimento no *Essai sur la géographie des plantes*. Os motivos alegados por esses

---

[11] Dizia Humboldt: "Esse acervo, além de ter sido inteiramente descrito nos lugares e de conter um grande número de novos gêneros, tem ainda a vantagem de não apresentar nenhum objeto sobre o qual não possa ser indicada a altura sobre o nível do mar em que ele cresce". (Carta de Humboldt ao Museu de História Natural da França, 18 de dezembro de 1804, [Hamy, 1905. p. 175] *apud* Acot *et al*, 2010.)

historiadores para garantir esses louros a Humboldt são outros.[12] Insistimos, no entanto, que uma forma possível de conceber a relevância desse pensador para os fundamentos de uma Geografia científica se situa no fato de ele ter feito a plena demonstração da utilidade desse instrumental imagético para desenvolver um raciocínio geográfico.

Humboldt não foi o único viajante de sua geração a correlacionar o desenvolvimento das plantas às condições geográficas, não foi nem mesmo o primeiro a estabelecer a conexão possível entre altitude e o desenvolvimento da flora, nem o primeiro viajante a observar esse fenômeno nos Andes, tendo sido precedido em alguns anos pelo francês La Condamine (1701-1774), por exemplo (Broc, 1975). Ele foi o pioneiro em agregar múltiplos fatores situados e a não considerar as plantas apenas isoladamente, mas sim os conjuntos, a fisionomia, como se dizia. Lembremos rapidamente que a palavra *fisionomia* provém da junção das palavras gregas *physys* (a natureza, como princípio e como forma) e *nomos* (normas). Entende-se assim facilmente que, nessa concepção, a maneira pela qual as coisas se apresentam a nós, sua imagem, sua fisionomia, é a tradução de sua natureza e das leis que a regem. Trata-se então do nascimento de uma biogeografia integrando diversos elementos tomados em suas múltiplas combinações e resultando em uma verdadeira tipologia dos seres vivos em determinados ambientes e na discussão das leis que regulam esse conjunto.

---

[12] Alguns autores negam a Humboldt esse lugar de fundador da Geografia moderna e o caracterizam como um dos últimos grandes cosmógrafos, mas ao descrever suas contribuições, paradoxalmente, indicam suas inovadoras contribuições e as grandes consequências que tiveram na construção daquilo que conhecemos como Geografia moderna. Esse é o caso, por exemplo, de D. Cosgrove (2005).

Evidentemente, não foi Humboldt tampouco o primeiro a reunir informações ordenadamente segundo um princípio de localização, agregadas sobre um mesmo plano e formando um conjunto coerente. Conhecemos, desde a Antiguidade, sistemas de informações geográficas que se configuram sob a forma de mapas. Eles localizam informações e as apresentam sobre um mesmo plano, sendo inúmeras as possibilidades de traçar conexões, comparações e análises pelo comportamento das diferentes variáveis contidas em um mapa. Esses elementos formam um conjunto, coerente e organizado, mas as conclusões que podemos tirar não estão fechadas em uma "narrativa" preestabelecida. Os mapas são objetos descritivos que nos fazem pensar, são as imagens mais tradicionais de um sistema de informações geográficas.

A originalidade imensa do trabalho de Humboldt consistiu em uma nova forma de apresentar esses elementos em um conjunto, localizando-os, situando-os e fazendo de uma imagem o veículo que descreve e faz pensar, pelo cruzamento possível de informações situadas em um mesmo plano, sem apelar para uma "narrativa" anterior da qual a imagem seria apenas uma expressão.

É possível, então, compreender por que a *Naturgemälde* não é apenas uma ilustração sob a forma de imagem. Ela é um conceito, uma maneira de provocar o raciocínio a buscar a conexão de variados elementos que atuam em um fenômeno em uma dada localização, em um lugar. O desenho, a imagem, é a síntese dessas múltiplas relações. A obsessão de Humboldt por medir, comparar, descrever é construída pela ideia epistemológica de que essa descrição é capaz de exprimir esse mundo de relações entre coisas, características e atributos e de que esse mundo pode ser inscrito em uma imagem e ser pensado a partir dela.

A base de qualquer sistema de informação pressupõe coletar, tratar, recuperar, armazenar e distribuir informações que serão depois utilizadas para análise. Quando esse sistema de informação é geográfico significa que a informação está organizada segundo um referencial locacional. Por isso, a apresentação dessa informação constitui também uma imagem. Essa é exatamente a ideia de Humboldt com a *Naturgemälde*. Como sabemos, na obra de Humboldt essa palavra corresponde a uma forma de pensar e de apresentar graficamente a "física do mundo".[13]

Um sem-número de vezes na bibliografia contemporânea da Geografia somos apresentados aos sistemas de informações geográficas como uma ferramenta tecnológica, bastante recente, desenvolvida sob a forma de programas ou aplicativos de sistemas operacionais de dados georreferenciados. De fato, a concepção dos atuais sistemas de informações geográficos alia potentes conhecimentos de programação e tratamento estatístico a sofisticados meios semiológicos gráficos e de design para oferecer produtos bastante atraentes e de fácil acesso. Um sistema de informações geográficas se apresenta assim como uma base de dados digitais georreferenciados, que podem ser visualizados em mapas sob diferentes formas, resultantes do cruzamento de variadas informações localizadas e permitindo, assim, que se façam múltiplas inferências e análises. Reconheçamos, entretanto, que os princípios dessa forma de organizar dados, de tratá-los e de

---

[13] Essa expressão busca, talvez, em sua origem, inspiração nas concepções de sistema do mundo, de seu amigo, o filósofo F. Schelling (1775-1854). Ele propunha uma identidade entre o espírito e a natureza, o que permitiria conhecer as coisas, pensá-las, mas essa atividade não é obtida pela ciência, mas pela intuição estética, por intermédio das obras de arte. A natureza é organizada e o mesmo princípio de organização existe na consciência; a isso ele chama de "alma do mundo". Como veremos adiante, há muitas similaridades com o estoicismo, pois o *Cosmos* é animado, possui uma alma. A ciência consiste em instrumento para sua revelação — o mundo é um ser vivo, razoável, animado, inteligente, disse Crisipo de Solis (279-206 a.C.), como também Posidônio (135-51 a.C.) em sua *Física*.

visualizá-los estão presentes na proposta e na apresentação feita por Humboldt da *Naturgemälde*.

Se há possibilidade de concordância do leitor com essa demonstração até agora, que nos seja admitido avançar mais um passo e dizer que essa forma de pensar e de correlacionar informações compõe um quadro geográfico.

Os quadros geográficos na obra de Humboldt

Na construção da ideia de que na obra de Humboldt era fundamental a proposta de pensar por meio de "quadros", consideremos um pequeno conjunto de elementos. Em primeiro lugar, a gravura já descrita apareceu desde a primeira grande publicação de Humboldt, em 1807. Aliás, ela era apresentada bem no título da obra, *Ensaio sobre a geografia das plantas, acompanhado de um quadro físico das regiões equinociais*. Esse quadro era um desenho que media 90 por 60cm e era colorido à mão. Observemos que a expressão original em alemão, *Naturgemälde*, foi traduzida para o francês como Quadro físico (*Tableau physique*). Não se pode arguir um erro de tradução, pois Humboldt foi o responsável por essa versão em francês, idioma que sabidamente dominava com perfeição. É possível, portanto, afirmar que a denominação *quadro* possuía um forte apelo para exprimir toda a riqueza, a capacidade e o formato daquele conhecimento veiculado.

O texto propriamente dito se divide em duas partes. A primeira é o *Ensaio sobre as plantas*, com 35 páginas, descreve e apresenta não apenas toda a riqueza da reflexão de Humboldt sobre a relação entre conjuntos estruturados de plantas e a altitude, mas também a correlação possível com sequenciamentos semelhantes encontrados em outras áreas do globo e a variação com as latitudes. Já a segunda parte, denominada Quadro físico, estende-se por 115 páginas e se compõe de uma detalhada descrição de todas as parcelas reunidas no desenho, na figura das montanhas e de todas as notações das colunas (escala térmica, barométrica, higrométrica etc.). Assemelha-se essa parte a um memorial descritivo da imagem. Ele começa pela exposição da imagem propriamente dita e, no prefácio dessa publicação, esclarece-nos que o primeiro esboço foi desenhado por ele ainda na América e depois refeito por um desenhista botânico na Europa e acrescenta que a imagem poderia ser ainda melhorada. O objetivo do quadro é "fazer nascer aproximações inesperadas", devendo, por isso, ser apresentado "sob um ponto de vista mais geral [...] um quadro só deve apresentar grandes vistas físicas" (Humboldt, 1805). Comenta também que a precisão do desenho talvez não tenha permitido ver claramente a sucessão das palmeiras que aos poucos e à medida que a altitude aumenta se perdem em meio às outras árvores e dão lugar em seguida às plantas herbáceas e depois às gramíneas.[14] De certa forma, há nesses comentários uma complementação e detalhamento de aspectos que não puderam ser inteira ou perfeitamente figurados. Também são feitas comparações com outras áreas do globo e avançadas algumas análises sobre a ordem espacial seguida pelas plantas. Logo depois, de forma muito sistemática,

---

[14] "Quando do nível do mar nos elevamos ao cume das altas montanhas, vemos gradualmente mudar o aspecto do solo e a série de fenômenos físicos que apresenta a atmosfera. Vegetais de uma espécie muito diferente sucedem aqueles das planícies: plantas lenhosas se perdem pouco a pouco e dão lugar às plantas herbáceas e alpinas; mais alto, não se encontram senão gramíneas e criptogamas. Alguns líquens cobrem as rochas mesmo na região de neves eternas." (Humboldt, 1805. p. 37.) (Todas as traduções contidas no livro, quando não indicam o nome do tradutor, são do autor).

Humboldt passa a descrever todas as informações que constam do desenho: o que constitui cada uma das séries anotadas nas colunas, os critérios utilizados e como foram obtidas as medidas, além de comentar os resultados obtidos.

Os quadros devem falar ao espírito e à imaginação, insistiu Humboldt mais de uma vez em seu texto. Por intermédio dessa forma de expressão, podem vir à mente novas conexões entre os fenômenos para aqueles que os estudam diretamente. Os quadros proporcionam igualmente uma visão mais geral e em conjunto daquilo que os especialistas conhecem em detalhe. Por isso, disse Humboldt no prefácio, em vez de fazer, como era o hábito, um relato da viagem, ele preferiu "fixar o olhar dos físicos (*physiciens*[15]) sobre os grandes fenômenos que a natureza apresenta nas regiões que eu percorri. Foi o conjunto deles que eu considerei nesse ensaio". (Humboldt, 1805, p. V-VI)

Os quadros, no entanto, são também capazes de sensibilizar e proporcionar prazer indiferentemente a todos os que os apreciem, e ainda aqueles que não sejam iniciados nas ciências poderão admirá-los e facilmente se persuadirem pelo interesse e pela importância do seu estudo. Esse prazer proporcionado pela simples contemplação do espetáculo da natureza faz eco ao entendimento do movimento Romântico, ainda muito importante na Alemanha da época (Rosenfeld, 1965). Como disse o ensaísta Hamann (1730-1788), um dos seus maiores expoentes: "Os sentidos e as paixões só falam e entendem imagens. Nas imagens

---

[15] Essa denominação recobria aqueles pensadores interessados pela "física do mundo" que não encontra correspondência precisa nas áreas acadêmicas atuais. Outro elemento importante nessa frase é a ideia de "fixar" o olhar, um dos princípios da educação proposta por Kant no uso dos mapas. Ver mais detalhes no capítulo **Imagem, imaginários: quadros para a imaginação geográfica**.

está todo o tesouro do conhecimento e felicidade humanos"[16]. O relativo distanciamento de Humboldt dos estritos preceitos do Romantismo o fez, talvez, sempre unir o gozo da contemplação da natureza ao daquele proporcionado pelo conhecimento das leis que se revelam ao estudioso. Em diversas e diferentes obras de Humboldt encontramos a afirmação desse duplo prazer, o qual é também atribuído ao olhar dirigido às imagens que constituem os quadros da natureza, à *Naturgemälde*.

Em segundo lugar, outro conjunto de elementos que devemos considerar nessa demonstração é o fato de que Humboldt foi fiel ao apelo da ideia de "quadro" ou de *Naturgemälde* em suas obras, desde o *Essai* até a última, o *Cosmos*. O recurso às imagens, sejam elas desenhadas ou evocadas, é apresentado explicitamente como um instrumento básico para o desenvolvimento de um raciocínio geográfico na obra de Humboldt.

Em 1808, por exemplo, ele publica o livro *Ansichten der Natur*[17]. Rapidamente reeditado e traduzido, recebeu em francês o nome de "Tableaux de la nature" — Quadros da natureza. De fato, literalmente, a tradução mais exata da palavra alemã *Ansichten* para as línguas latinas seria "Vistas", mas, como já dito,

---

[16] Johann Georg Hamann foi um pensador alemão fortemente comprometido na luta contra as ideias iluministas. Seu pensamento foi decisivo na configuração do movimento romântico alemão. (*Apud* Sallas, 2013. p. 38.)

[17] Dezoito anos antes, o então jovem Alexander von Humboldt acompanhou o viajante naturalista Georg Forster em uma excursão pela Europa Ocidental. Essa viagem deu origem a um livro em três volumes cujo título é também "Ansichten": *Ansichten vom Niederrhein, von Brabant, Flandern, Holland, England und Frankreich im April, Mai und Juni 1790* (Vistas do Baixo Reno, de Brabant, Flandres, Holanda, Inglaterra e França em abril, maio e junho de 1790). O estilo da descrição, a sensibilidade desse viajante às estruturas sociais e seu vasto conhecimento das ciências naturais são ainda pouco conhecidos na Geografia, mas, sem dúvida, imprimiram uma marca em Humboldt.

Humboldt dominava perfeitamente o francês e o espanhol, sendo bastante cuidadoso com sua escrita e tradução. Então, a adoção do termo "quadro" parece corresponder exatamente ao que ele tinha em mente. A ideia de *Naturgemälde*, o nome dado por ele à imagem icônica que ilustra o *Essai*, foi desde sempre sistematicamente traduzida como "quadro" na versão francesa e na espanhola, nessa obra e nas subsequentes. Mais interessante é constatar que nessa publicação "os quadros" são construídos muito mais pela descrição textual do que por imagens:

> Limitado hoje a um círculo mais reduzido de fenômenos, ofereço à contemplação a mais serena imagem de uma vegetação exuberante e de espumantes rios. Empreendo, pois, a descrição das duas grandes cenas que representam nas solidões da Guiana, perto de Atures e Maipurés, as cataratas do Orenoco, as quais, apesar da sua celebridade, pequeno número de europeus tinha visitado antes da minha viagem. Muitas vezes a impressão que nos causa a vista da natureza (*Naturgemälde*) deve-se menos ao próprio caráter da região do que ao dia em que nos aparecem as montanhas e planuras aclaradas pelo azul transparente dos céus ou veladas pelas nuvens que flutuam perto da superfície da terra. Do mesmo modo, as descrições da natureza impressionam-nos tanto mais vivamente, quanto mais em harmonia com a nossa sensibilidade; porque o mundo físico se reflete no mais íntimo do nosso ser, em toda a sua verdade. [...]. Nesta harmonia baseiam-se os mais nobres gozos que a natureza nos oferece. (Humboldt, [1808] 1965, p. 211-212)[18]

---

[18] Estamos aqui citando a tradução em português. *Quadros da Natureza*, 2 vols. W. M. Jackson inc. Editores, Rio de Janeiro. Capítulo I do livro segundo.

Nessa passagem é possível reconhecer o papel atribuído à descrição na, por assim dizer, "pintura" dos quadros. Grande parte do vocabulário utilizado denota na descrição o apelo ao visual (vistas, contemplação, imagem, cenas, aparecimento, verdejantes, transparentes, aclaradas, azuis, veladas). Como ele mesmo afirmou mais tarde no *Cosmos*, a melhor descrição "converte o ouvido em olho" (Humboldt, 1848, p. 82, v. II). Há também registros nas cartas trocadas com os editores do apreço de Humboldt à manutenção do estilo e das expressões originais usadas e, quando escreveu o prefácio à edição francesa, ele mesmo se mostrou preocupado em explicar a originalidade de sua maneira de escrever (Wulf, 2016, p. 200). Ele atesta as dificuldades e os obstáculos para construir uma "exposição estética" de grandes cenas da natureza reunidas no livro e que podem tornar difícil a unidade da composição. No entanto, o interesse fundamental, ao que parece, foi justamente o desafio de "pintar" essas cenas e lhes dar vida por intermédio da descrição precisa e imaginativa. Em suas próprias palavras:

> A investigação constante desta verdade é o fim de toda descrição que tem por objetivo a natureza. É preciso manter incessantemente essa tendência ou para se compenetrar melhor dos fenômenos ou para escolher, ao pintá-los, a expressão característica. (Humboldt [1808], 1965, p. 260)

De fato, o livro tem uma marca bastante pessoal, na forma de escrever, mas sobretudo na maneira de apresentar o conteúdo. Um dos aspectos mais intrigantes dessa coleção de descrições de ambientes, lugares ou temas de história natural é uma quase enigmática parte dedicada ao gênio de Rhodes, imagem figurada em dois quadros que Humboldt analisa com delicadeza e profundidade.[19] Nesse relato, o filósofo Epicarmo (540-450 a.C.), alguém capaz de "contemplar a imagem do infinito", interpreta os dois quadros e dessa análise conclui que há neles a figuração da "força vital", conceito que se modificou no pensamento de Humboldt (conforme ele mesmo atesta), mas que responde pela ideia de unidade entre os diversos elementos que compõem o mundo.[20] Para nossa demonstração interessa sublinhar que essa ideia da "força vital" tenha sido, nesse texto, inteiramente apresentada pela descrição das imagens que compõem dois quadros nas análises direta de Humboldt e na de Epicarmo, comentada por ele.

A obra seguinte publicada por Humboldt, *Vistas das cordilheiras e monumentos dos povos indígenas da América*, tinha um formato praticamente oposto.[21] Consistia em uma coleção de 69 pranchas com imagens variadas, acompanhadas de textos que as comentavam e faziam comparações. A coleção era bastante heteróclita, reunindo assuntos como arquitetura, esculturas, quadros, hieróglifos, calendários e sítios pitorescos. Humboldt reconhecia no prefácio que a falta de uma ordem estrita nos temas e na sequência geográfica deles seria compensada pela variedade, o que, segundo ele, era compreensível para um "atlas pitoresco" (Humboldt (1989), [1810]). Percebe-se, entretanto, o papel central das imagens na obra. Os textos eram complementares e sempre se referiam às imagens. Até mesmo o tema das línguas nativas, que,

---

[19] Humboldt adverte no prefácio à 2ª edição francesa de 1826 que foi encorajado a incorporar esse artigo à obra pela boa apreciação do filósofo Schiller (1759-1805) e por um gentil comentário de seu irmão Wilhelm von Humboldt (1767-1835), ambos renomados e reconhecidos intelectuais.

[20] O texto original é de 1795 e foi escrito sobre forte influência da filosofia de Schelling, base daquilo que era conhecido como *Naturphilosophie*.

[21] Os títulos originais eram, em francês, *Vues des Cordillères et monuments des peuples indigènes de l'Amérique* e, em alemão, *An Ansichten der Kordilleren und Monumente der eingeborenen Völker Amerikas*.

talvez por influência do irmão, ocupavam uma parte considerável das pranchas, foi apresentado por meio de seus sistemas de representação gráfica.[22] Muitas tabelas e quadros dizem respeito à comparação de hieróglifos e sistemas de grafia.

Em sua obra mais conhecida e tardia, o *Cosmos. Uma descrição física do mundo* (*Kosmos. Entwurf einer physischen Weltbeschreibung*), Humboldt volta com ênfase à ideia dos quadros. O primeiro volume é inteiramente pensado como uma apresentação do mundo na forma de um grande quadro descritivo. Explica-nos ele que essa descrição, esse "traçado gráfico do universo, [...] verdadeiro mapa do mundo" (Humboldt, 1848, p. 63, v. I), oferta "o quadro de tudo o que coexiste no espaço, da ação simultânea das forças da natureza e dos fenômenos que elas produzem" (Humboldt, 1848, p. 68, v. I). Já no segundo volume, são apresentados, primeiro, os meios e os elementos que contribuíram para a "pintura" desse quadro e, na segunda parte, o percurso histórico dessa construção. O grande quadro da natureza (*Naturgemälde*) e suas condições de gestação oferecidos no *Cosmos* deveria, segundo ele, servir ao desenvolvimento das ideias e simultaneamente falar diretamente à imaginação do leitor por meio de uma descrição precisa e viva. Em muitas oportunidades no texto, o verbo utilizado para caracterizar a descrição é "pintar", sobretudo quando se avizinha da ideia do "quadro".[23]

Por isso, o desenvolvimento da assim chamada "pintura de paisagem" lhe interessou tanto. Humboldt sustenta que ao prazer da contemplação da variedade da natureza em geral deve se seguir

---

[22] O irmão de Alexander von Humboldt, Wilhelm von Humboldt, como já dito, era também um grande e respeitado pensador, sendo reconhecido sobretudo como um dos pioneiros na área de linguística.

[23] Por exemplo, nos seguintes trechos do *Cosmos*: "Nós nos propusemos a *pintar* as grandes massas dos quadros da natureza" [...] sobre esse quadro nos será necessário *pintar* em grandes traços os espaços [...] *pintar* aqui o conjunto dos resultados adquiridos para *pintar* esse quadro" (Humboldt, 1848, p. 79-85. v. I).

o prazer pelo caráter individual de uma paisagem, que é a configuração de uma região determinada. O reconhecimento da configuração nos ensina que, independentemente dos estilos, os efeitos que nos causa uma paisagem se devem aos elementos que a compõem. A pintura propriamente dita une o "mundo visível ao mundo invisível" (Humboldt, 1848, p. 104, v. II). A observação e o registro descritivo, seja ele gráfico ou textual, são o veículo que pode levar a esse mundo invisível que escapa da apreensão imediata dos sentidos, mas é "fecundado pelo raciocínio" e atinge às causas dos fenômenos: "A pintura da paisagem não é tampouco puramente imitativa [...] Exige dos sentidos uma variedade infinita de observações imediatas, que deve assimilar-se ao espírito para fecundá-las com seu poder e dá-las aos sentidos sob a forma de uma obra de arte". (Humboldt, 1848, p. 100, v. II)

A chamada pintura de paisagens (*Landschaftsmalerei*) foi um estilo aceito, junto com as pinturas históricas e bíblicas, como uma orientação reconhecida na pintura a partir do século XVII. A pintura holandesa, como vimos, valorizava a descrição e havia dado especial ênfase aos aspectos topográficos e aos diferentes planos de visão. Tudo isso foi mais ou menos estabilizado nesse estilo de representação.[24] Para Humboldt, essa pintura atinge diretamente a sensibilidade, mas também tem um efeito pedagógico, nos ensina a olhar — é o fruto

---

[24] Esses princípios da pintura das paisagens estavam presentes de forma eloquente nas obras de Albert Eckhout (1610-1665) e Frans Post (1612-1680), trazidos ao Brasil pelo Príncipe Mauricio de Nassau (1604-1679). Elas situam o horizonte na mesma altura; entrecruzam planos, produzindo profundidade e longo alcance ao olhar do observador; o primeiro plano é em geral mais escuro que o fundo; as espécies vegetais nativas são muito bem identificadas; e há uma distinta preocupação com a composição do conjunto de elementos representados. Humboldt comenta, entre muitos outros exemplos, a mestria desses dois artistas, demonstrando assim o grande conhecimento que tinha dos estilos de pintura.

da contemplação profunda da natureza e da transformação que se opera no interior do pensamento (Humboldt, 1848, p. 100, v. II).

Tem-se comentado bastante sobre as muito próximas relações entre ciência e arte na Alemanha do final do século XVIII e começo do XIX. Alguns dos casos citados têm Goethe e Alexander von Humboldt como personagens essenciais pelo papel que outorgavam à observação da natureza (Ricotta, 2003). A relação entre o conceito de paisagem e a pintura de paisagens na Alemanha é assim apresentada por uma historiadora:

> O processo de estetização da natureza é histórica e filosoficamente inscrito na noção alemã de paisagem, em que o termo alemão *malerisch*, aplicado a um panorama real, sugere a imbricação estreita entre a percepção do mundo sensível e a estética. É inerente à história da palavra *Landschaft*, cuja significação moderna (parte da natureza apreendida pelo olhar) é diretamente derivada da palavra *Landschaftsbild* — **quadro da paisagem** —, o que quer dizer, de uma esfera estritamente pictural. Uma das acepções da palavra *Landschaft*, tirada do vocabulário técnico da pintura, apoiava-se, na passagem do século XVIII, naquela de **quadro**. No final desse século, esse termo passou do domínio estritamente estético e pictural para aquele mais amplo, da natureza e da percepção direta do mundo. A palavra *Landschaft* não designava somente um **quadro**, mas também a porção da natureza sensível que a realidade oferece ao olhar. (Sallas, 2013, p. 99)[25]

É interessante observar que, tomando outra via de análise, a autora tenha coincidentemente chegado a relações paralelas àquelas apresentadas aqui. Ela vê na noção de quadro um constituinte básico da ideia de paisagem. Nós estendemos esse sentido e afirmamos

---

[25] Os grifos são do original.

que essa noção de quadro foi fundamental para a Geografia como um todo, na maneira de pensá-la, de construí-la e de apresentá-la.

Para o reconhecido escritor alemão e amigo de Humboldt, Johann W. Goethe (1749-1832), assim como para outros autores da época, a descrição dos quadros da natureza pode ser construída diretamente pela representação gráfica ou por meio textual.[26] Esse problema da passagem da imagem visual à forma literária está presente como uma preocupação maior para Humboldt e essa mesma questão terá importante posteridade na Geografia, sobretudo na chamada Escola Francesa (Berdoulay, 2008). O discurso deve se fazer imagem. As descrições vivas e precisas têm mais possibilidade de falar diretamente à imaginação (Humboldt, 1848, p. 17, v. II). É preciso criar a possibilidade de, ao descrever aquilo que é visto e notado pela observação, induzir a um alargamento pela meditação. Lemos assim em Humboldt:

> Quando, pela originalidade de sua estrutura e sua riqueza nativa, a língua consegue dar encanto e clareza aos **quadros da natureza**, quando pela feliz flexibilidade de sua organização, ela se presta a **pintar** os objetos do mundo exterior, ela se propaga como um sopro de vida sobre o pensamento. (Humboldt, 1848, p. 39, v. II)[27]

As imagens, no entanto, não nos comunicam tudo de forma direta. Aquilo que é recolhido pela observação deve ser organizado, colocado sobre um mesmo plano de análise e submetido

---

[26] Os versos reunidos no livro *Tableaux de la Nature*, do escritor francês François-René de Chateaubriand (1768-1848), apesar de só aparecerem publicados em 1828, teriam sido escritos por volta de 1790, muito antes das publicações de Humboldt com esse nome. O conjunto desses versos se assemelha em muito às ideias que animaram o "sentimento de natureza" na Alemanha e que têm presença forte na obra de Humboldt e de Goethe, por exemplo. Ver também Humboldt, 1848, p. 11, v. II.

[27] O grifo é nosso.

ao trabalho do raciocínio (Humboldt, 1848, p. 4, v. I). Isso é o que define um quadro. É necessário apresentar as formas físicas, mas também suas possíveis conexões, pois elas podem se combinar de "mil maneiras" (Humboldt, 1848, p. 100, v. II). O olhar, a contemplação, a fisionomia, as cenas e os espetáculos são elementos básicos na proposta de Humboldt, mas para bem refletir é necessário reorganizar os dados em um "quadro" e combiná-los, compará-los, aproximá-los e assim fazer avançar o entendimento sobre os fenômenos. O quadro humboldtiano, desse modo definido, bem pode, por tudo isso, ser concebido como um sistema de informações geográficas. Um exemplo simples ajudará a melhor compreender nossos propósitos: as isolinhas.

Ao unir pontos que têm um mesmo valor dentro da escala de variação de um determinado fenômeno (temperaturas, precipitação, altimetria etc.), aparecem áreas que são definidas pelas escolhas de intervalos de variação considerados. Essas áreas que "aparecem" revelam características que nos impelem imediatamente a pensar sobre as razões da diferenciação dos padrões que se formam, que se desenham. Se, por exemplo, as temperaturas registradas em uma faixa apresentam-se descontínuas, imediatamente somos levados a tentar correlacionar essa descontinuidade a partir da conexão com outros elementos ali presentes e suas variações, altitude, correntes marinhas, circulação atmosférica, situação da área, cobertura vegetal etc.

Reconheçamos que tais desenhos criados pela união desses pontos de mesmo valor definem uma área que não existe como um fato tangível. Ela é uma criação, um instrumento pelo qual somos desafiados a pensar na conectividade entre múltiplas variáveis. A imagem, ao dispor de maneira graficamente descritiva determinadas características, provoca o raciocínio, pois torna "visível" coisas e relações que assim não nos apareceriam sem esse meio. Reconheçamos também que a escolha dos intervalos de variação, da delimitação arbitrada, das escalas de tamanho da representação, da seleção dos outros fenômenos que merecem notação, tudo isso são opções definitivas para permitir a visão de coisas diversas. Ao mudarmos algum desses elementos, mudamos as condições de visibilidade dos fenômenos. São, por assim dizer, variações de pontos de vista.

Podemos, por isso, afirmar sem medo que construímos "quadros" para que eles nos deixem ver — não aquilo que já sabemos, mas aquilo justamente que nos é revelado pela análise das formas e das composições que se delineiam pelas infinitas escolhas que podemos proceder. Pensemos em alguns mapas temáticos mais tradicionais, geológicos, climáticos, de vegetação, de população etc. Eles são "quadros" que nos permitem "ver" determinadas características, determinadas conexões.

Alguns desses quadros são tão fortes e expressivos que parecem não mais ser a obra de escolhas, mas sim se impor como evidentes e absolutos. Um planisfério é habitualmente apresentado com linhas paralelas e com meridianos. Essa visão é tão estruturante das outras formas figuradas nos planisférios que ficaríamos "perdidos" sem essas referências. Igualmente, as faixas de temperaturas definidas pelas isotermas que acompanham as faixas latitudinais são tão expressivas para nós que "parecem" existir como fronteiras materiais entre diferentes regimes climáticos. A própria Terra, quando a pensamos, quando a visualizamos, nós o fazemos a partir de um desenho, de uma imagem. Essa constatação, paradoxalmente tão fecunda e tão óbvia, fez parte da preocupação de alguns dos mais importantes pensadores desde a Antiguidade e teve um ponto de inflexão fundamental no programa da Geografia ptolomaica.

Antes de nos permitirmos seguir essa trilha retrospectiva, voltemos às isolinhas. Elas parecem ter sido inventadas no meio do século XVIII e foram primeiro utilizadas para desenhar profundidades marinhas. São vistas, por exemplo, em um mapa de 1752 do Canal da Mancha, atribuído a Philippe Buache (1700-1773). Só mais tarde começaram a ser utilizadas para superfícies terrestres (Dainville, 1959). Humboldt foi, ao que parece, um pioneiro a utilizar esse procedimento de desenhar isolinhas como um instrumento para pensar, e não apenas como uma simples forma de representação. Que nos seja admitido afirmar que a inspiração desse instrumento nasceu do conjunto de proposições contido no projeto de conhecimento esquematizado por ele e que, nesse conjunto que localiza informações, as descreve, as superpõe, as relaciona, o papel das imagens é central e se formaliza, em grande medida, a partir da ideia de quadro.

Humboldt foi um dos mais influentes intelectuais de sua época. Dele, por exemplo, o respeitadíssimo escritor Goethe falou por meio de um dos seus personagens: "Só é digno de veneração o pesquisador da natureza que sabe descrever e representar o mais estranho, o mais extraordinário, em seu respectivo hábitat, em seu contexto e junto aos seus elementos mais próprios. Com que prazer ouviria as narrações de Humboldt, mesmo que só uma vez!" (Goethe [1809], 2007, p. 193)

Goethe, como sabemos, manteve sempre um amplo interesse e muita sensibilidade pelo estudo da natureza. Já em seu primeiro grande sucesso, o romance *Os sofrimentos do jovem Werther* (1774), é possível perceber que a sensibilidade dos personagens tem sintonia particular com o ambiente físico natural. Mais tarde, em 1786, sua viagem à Itália lhe rendeu material para escrever descrições inspiradas que até hoje chamam a atenção de geógrafos (Goethe, 1999 [1803]).[28] Suas observações sobre as folhas o levaram inclusive a desenvolver uma teoria bastante original sobre o processo de transformação das plantas. Segundo consta, em 1807, Humboldt ao terminar o *Ensaio sobre a Geografia das Plantas*, que havia dedicado a Goethe, enviou-lhe imediatamente um exemplar, mas faltava nesse volume a prancha com o desenho da *Naturgemälde*. Não se sabe bem por que Goethe decidiu fazer ele mesmo um desenho no qual aparecem montanhas da Europa comparadas às da América, enquadradas nos dois lados também por comentários que seguem a altimetria, em tudo similar ao desenho que havia sido produzido por Humboldt. No canto inferior esquerdo, sobre uma lápide, Goethe colocou uma dedicatória a Humboldt. De alguma forma, o que resta dessa anedota é o fato de que, para ambos, o quadro da natureza é propriamente uma imagem. Essa inspiração parece ter motivado três anos depois a sugestão de Goethe para Wilhelm von Humboldt de construir um grande quadro, uma espécie de mapa das línguas faladas no mundo. Segundo Goethe, era preciso traduzir em imagem o considerável conjunto de conhecimentos coletados.[29] Em outras palavras, era preciso construir um quadro geográfico dessas informações.

Do acurado exame das obras de Alexander von Humboldt provém a convicção de que havia uma proposta teórico-metodológica bem definida. Essa proposta não se limita apenas ao uso de uma linguagem visual, o que é mais ou menos flagrante a qualquer um

---

[28] Um dos primeiros a fazer menção à qualidade científica da descrição produzida por Goethe foi Ratzel (1844-1904) no texto *Sobre a interpretação da natureza*, publicado em 1906 (Ratzel, 1906).
[29] Citado na correspondência Wilhelm von Humboldt/Goethe. Klassik Stittung Weimar, Goethe und Schiller-Archiv, GSA 78/300, p. 1 (Blankenstein, 2014, p. 127).

que folheie as obras de Humboldt e que já foi, aliás, brilhantemente exposto por outros estudiosos da Geografia (Buttimer, 2012).

Queremos dar um passo adiante e mostrar que essa linguagem visual tem nos "quadros geográficos" uma forma original, comprometida antes com as possibilidades de explicação daquilo que descreve, e não apenas com sua exemplificação ou ilustração. Trata-se assim mais do que simplesmente o uso de uma linguagem ou de instrumentos gráficos, é propriamente uma forma visual de pensar. O instrumento que ele nos propõe para isso é o quadro. Desenhamos um quadro geográfico para pensar o jogo de posições entre os fenômenos, para examinar a possibilidade de conexões causais entre eles, para colocar elementos diversos e variados em suas respectivas localizações e, sobre um mesmo plano, organizamos dados sob a forma de um sistema de informações para poder pensá-los. Desenhamos ideias. Desenhamos para ver.

As cosmovisões

A proximidade de algumas ideias de Humboldt com as de Kant foi aqui fortemente sugerida. É bom que fique muito claro que, ao dizermos que essas ideias fazem parte de um mesmo "quadro", resguardamo-nos de necessariamente inferir que entre elas haja uma relação de causalidade, como tão comumente se costuma atribuir no campo da história das ideias. A escolha do termo "proximidade" indica posicionamento, e assim ocorre, pois foram colocadas sobre um mesmo plano de análise sem que *a priori* se submeta, pela cronologia, um autor ao outro. Olhamos para essas ideias em conjunto e vemos como estão próximas ou distantes dentro desse quadro.

O busto de Kant, zelosamente mantido por Humboldt em seu escritório, não é por si mesmo uma prova de servilismo às suas ideias, não mais nem menos do que os livros do filósofo em sua biblioteca. A proximidade é grande, no entanto, quando lemos a crítica de Humboldt aos "sistemas da natureza" que eram propostos por famosos autores.[30] Segundo Humboldt, todos apresentavam a mesma procura por "encadeamentos e analogias das

---

[30] Humboldt se referia talvez às obras de d'Holbach (1723-1789), de Maupertuis (1698-1759), de Buffon (1707-1788), mas, sem dúvida, seu comentário se dirigia sobretudo ao Sistema da Natureza de Lineu.

estruturas, sem nos fazer ver as suas distribuições em grupos no espaço" (Humboldt, 1848, p. 56, v. I). Como o leitor deve lembrar, citamos propósitos perfeitamente paralelos apresentados por Kant ao comentar as diferenças entre classificações lógicas e físicas, utilizando o exemplo de Lineu.

Outra fundamental semelhança é a recorrente crítica ao empirismo simplista (Humboldt, 1848, p. 18, v. I). Humboldt propõe que a contemplação deve ser fundada em um empirismo *raisonné* (raciocinado, pensado) composto dos fatos apresentados pelas ciências e "submetidos ao entendimento que compara e combina", propósitos muito próximos daqueles que podem ser encontrados na *crítica à razão pura* de Kant. Aliás, algumas linhas depois da crítica ao empirismo, Humboldt cita explicitamente Kant (Humboldt, 1848, p. 38, v. I). Percebemos, então, a importância dessa proximidade tanto no programa de pesquisa como nos procedimentos recomendados.

É chegado o momento de introduzir novos elementos e personagens nesse quadro. A ideia de que a Geografia é uma apresentação do mundo não é nova. O próprio Humboldt dedica toda uma parte do livro *Cosmos* para refazer o percurso que lhe permitia propor uma descrição física do mundo. Nesse exame que ele faz da história da descrição do mundo, Humboldt reconhece um grande mérito naqueles pensadores que, desde a Antiguidade mais recuada, tentavam traçar conexões entre os fenômenos e enxergar a ordem do mundo sob o aparente caos da dispersão. Critica-os, entretanto, várias vezes, por não fundarem essa ideia da ordem em observações sobre o mundo e os fenômenos. Esses sistemas explicativos da Antiguidade pecavam pelo fato de serem completamente ideais, pouco se amparavam na observação e, segundo ele, o verdadeiro delimitador entre a antiga filosofia da natureza e a que ele propunha seria esse novo estatuto da observação criteriosa e precisa do mundo.

A escolha do título de sua obra mais pretensiosa, o *Cosmos*, é por isso carregada de significado. Humboldt nos informa que a palavra é usada desde Homero (século VIII a.C.), mas a aproximação entre os dois sentidos que tem o vocábulo em grego — ornamento e ordem — parece que só se afirmou na época de Pitágoras (570-501 a.C.), quando o princípio da ordem foi concebido como o critério fundamental de beleza. Ao recuperar essa expressão, *Cosmos*, Humboldt traçava simultaneamente linhas de conexão e de ruptura com o pensamento antigo. É isso que precisamos reconhecer agora.

A história da Geografia tem, impropriamente, demonstrado pouco interesse pela identidade de um grupo de pensadores da Antiguidade, ditos estoicos. Não é o propósito neste texto apresentá-los com a profundidade devida e restabelecer, com merecida justiça, a contribuição deles para a Geografia. Sabemos a riqueza que habita a variedade desses personagens dispersos no tempo e no espaço e toda a complexidade de uma linha de filosofia que teve força suficiente para se manter durante muitos anos como uma importante orientação na forma de pensar. Por isso, estamos conscientes do risco da excessiva simplificação dessa síntese, porém devemos, por uma questão de economia do próprio texto, restringir os comentários aos aspectos que têm estritamente relação com a demonstração que nos propusemos a fazer desde o início. Decerto eram pensadores muito diversos, mas podemos dizer que se reuniam em torno de alguns princípios fundamentais.

O primeiro é o da unidade. Qualquer explicação deve se remeter ao Todo. Daí deriva o segundo princípio de que há uma conexão global de todos os fenômenos, incluindo aqueles concebidos como naturais e humanos. O terceiro diz que essa conexão se estrutura sob a forma de um sistema. A palavra não foi criada pelos estoicos, mas ganhou notoriedade a partir da ideia deles de que o sentido só aparece pelo conjunto e na conectividade entre as partes. O quarto estabelece que o veículo para o conhecimento é a observação racional das coisas. Esse princípio foi comumente apresentado como a contemplação. Finalmente, o último princípio, resultado dos anteriores, acredita que há um desígnio final na ordem das coisas, o qual se traduz na ideia de harmonia.

Qualquer geógrafo que tenha frequentado pelo menos um pouco os textos geográficos produzidos desde o final do século XVIII até meados do XX certamente terá encontrado, inúmeras vezes, seja nos propósitos, seja até mesmo no vocabulário dos autores, muitos pontos em comum com o que foi apresentado acima como a síntese do ideário estoico. Não é possível, pois, imaginar que essas similaridades sejam fortuitas.

O estoicismo, como outras correntes do pensamento, coloca questões sobre a ordem que estrutura o mundo, sobre os instrumentos que detemos para conhecê-lo e, finalmente, sobre como devemos nos conduzir nele (Ferry, 2006). Por isso, o estoicismo se pronuncia sobre três campos: o da física, o da lógica e o da moral. A unidade entre eles é dada pela ordem racional, uma espécie de substância que reúne essas três esferas em um mesmo conjunto. Assim, a racionalidade que permite a compreensão está também materializada naquilo que observamos e procuramos compreender. Essa racionalidade que produz todas as coisas, que produz o mundo, recebe o nome de Cosmos. Se a unidade é o primeiro postulado do estoicismo, o grande desafio é pensar a diversidade do mundo, seres, formas, manifestações, e ver nesse espetáculo variado um encadeamento, uma ordem.[31]

Assim, aquilo que os estoicos consideravam como a física, ou seja, o resultado da ação do princípio organizador do mundo, faz parte do temário hoje atribuído à Geografia. Nada há de surpreendente nisso, uma vez que aí se discute a ordem do mundo, como ele é constituído e suas regras de funcionamento.[32] Essa é uma das razões pelas quais há uma continuidade temática entre alguns pensadores estoicos e determinados geógrafos modernos.

O veículo do conhecimento é a contemplação, formada pela observação atenta da diversidade aliada ao arguto raciocínio que procura, por trás da aparente feição do caos, uma ordem cósmica. O princípio de unidade deve guiar o olhar sobre a variedade do mundo (Vernant, 1962). Por isso, a contemplação gera um conhecimento que é, ao mesmo tempo, fonte de prazer, posto que deriva da aproximação com a harmonia cósmica. Como tão bem exprimiu Humboldt: "Ao lado do prazer que exala da simples contemplação da natureza, está o gozo que nasce do conhecimento das leis e do encadeamento desses fenômenos" (Humboldt, 1848, p. 16, v. I).

---

[31] A relação entre Kant e os estoicos já foi bastante evocada, sobretudo no que diz respeito à Crítica da Razão Prática, ou a Cosmopolítica kantiana e a ética estoica (ver, por exemplo, Ildefonse, 2007, e Lolive e Soubeyran, 2007). Falta ainda talvez estabelecer os vínculos entre as concepções mais relacionadas à própria Geografia de Kant, até mesmo a partir da noção de sublime, com os preceitos estoicos não diretamente relacionados à ética, mas sim à física.

[32] Além de a Geografia ser uma das herdeiras das discussões que animavam a ideia de *physis* na filosofia grega, mais diretamente ainda a física estoica continha, segundo Diógenes Laércio (180-240 d.C.), tópicos relativos aos corpos, aos princípios, às fronteiras ou limites, ao lugar e ao vazio, uma discussão sobre o sistema da ordem cósmica que, sem dúvida, encontra inúmeros ecos nas discussões epistemológicas da Geografia atual (Diógenes Laércio, 2014 [século III]).

A contemplação é capaz de apreender a ordem cósmica, que não apenas nos aparece como um raciocínio, mas também gera uma imagem. Desenhar o mundo é tarefa que pressupõe uma anterior ideia de ordenação. Aliás, a palavra *Mundo*, como tradução do *Cosmos* grego, indica esse significado de coisas ordenadas em um espaço, o todo ou o conjunto de todas as coisas.[33] O desenho que se exprime sob uma forma material é a tradução de uma ordem mental, responsável por estabelecer princípios e relações que serão como um guia para a consecução do desenho. Assim, o resultado da aplicação dessas relações e desses princípios, traduzidos graficamente, só será conhecido uma vez que o desenho seja feito. Nesse sentido, a imagem "faz aparecer". Ela não é a simples ilustração da ideia abstrata da ordem, como um objeto secundário e completamente previsível. A imagem é portadora de sentidos próprios, os quais aparecem exclusivamente quando princípios e relações abstratas se exprimem graficamente. Como já dito, desenhamos para pensar.

---

[33] Uma das origens atestadas para a palavra *mundus-i* ou *mundum-i* era um recipiente onde se guardavam objetos e utensílios cosméticos. Além do substantivo que denominava o objeto em si, a maleta ou recipiente, a palavra também passou a denominar o conjunto dos objetos e o próprio princípio contido nele de ordem e de beleza. Daí também o uso como adjetivo *mundus--a-um*, que significa limpo, bem cuidado. Tudo isso tem forte relação com a ideia grega do *Cosmos*.

A Geografia apresenta o mundo

Entre todos os pensadores estoicos que têm relação direta com a Geografia, Estrabão (64 a.C.- 21 d.C.) é sempre o mais lembrado e citado pelos historiadores dessa disciplina.[34] Um elemento importante a considerar é o fato de que sua obra foi bem preservada e nela são encontradas referências a toda uma série de outros autores sobre os quais pouco ou quase nada foi conservado (Diógenes Laércio, 2006, p. 124).[35] Esses pensadores que figuram na obra de Estrabão trataram de temas relativos às formas terrestres, às medidas da terra, aos fenômenos naturais, à localização e descrições de lugares, à confecção de mapas e globos etc. Ao citá-los, Estrabão os reconhece como legítimos antecessores na construção da ciência geográfica. A Geografia de Estrabão se compõe de 17 volumes, subdivididos em vários capítulos.[36] O trabalho se constitui de uma farta e sistemática descrição regional do mundo conhecido.

---

[34] Muitos autores têm afirmado essa proximidade entre a Geografia e a Filosofia no trabalho de Estrabão. Nem sempre, entretanto, os argumentos parecem convincentes como em Dueck (2000). Já Laurent (2008) prefere utilizar o termo "ecletismo" filosófico para caracterizar o pensamento de Estrabão.

[35] Esse livro, embora escrito quatrocentos anos depois dos primeiros estoicos, constitui uma referência básica, pois descreve a vida e a obra dos diversos filósofos estoicos.

[36] Nós nos basearemos na tradução feita por Tardieu A., *Géographie de Strabon*, publicada em 1867.

No entanto, raras vezes se reconhece que esse esforço de descrição é parte de um programa bem mais geral de apresentação ordenada do mundo. A despeito disso, os três primeiros volumes são dedicados exclusivamente às tentativas anteriores de conceber essa apresentação, tenham sido elas gráficas ou textuais.

Ele começa por atribuir a Homero o pioneirismo de um conhecimento geográfico em suas descrições do mundo heroico da Odisseia e da Ilíada.[37] Diz Estrabão sobre Homero: "É fácil reconhecê-los [os povos antigos] pela pintura que ele faz dos gêneros de vida deles" (Estrabão, 1867, p. 6, v. I).[38] Logo depois, volta-se para Erastóstenes e discute criticamente a contribuição dele sobre a concepção de distâncias, formas, posições, direções, medidas. Termina o primeiro capítulo do Livro II comentando o mapa do mundo habitado feito por Erastóstenes. Sublinhemos aqui que Estrabão discute propriamente o desenho, o traçado das linhas, por onde passam, as delimitações, as distâncias, as deformações etc. (Estrabão, 1867, p. 120-139, v. II).

Sua preocupação com o desenho que apresenta e descreve o mundo é também muito enfática; por exemplo, ao comentar que Posidônio (135-51 a.C.) criticava seus antecessores por não terem desenhado "um certo número de círculos paralelos ao equador e que ao apresentar a terra habitada sob a forma de faixas ou zonas teriam mostrado as mudanças trazidas, de um lado, nas temperaturas, e do outro, nos animais e plantas" (Estrabão, 1867, p. 166, v. II).

---

[37] Em seu debate contra Erastóstenes, Estrabão alerta que a "verdade" não se encontra identificada pelo tipo de linguagem. A poesia de Homero não deve por isso ser tomada como fábula, assim como a prosa não é a única forma de escrever a "verdade" (Estrabão, 1867, p. 29).

[38] O uso do termo "pintura" e da expressão "gêneros de vida" deve ser contextualizado pelo fato de a tradução ser de 1867. De qualquer forma, não podemos deixar de lhes atribuir um certo interesse. Notemos também que a noção de "gênero de vida" só aparecerá anos mais tarde na obra de Vidal de la Blache.

Segundo Estrabão, ainda, a mais exata reprodução possível da Terra habitada seria uma esfera como aquela que Crates de Tebas (365-285 a.C.) tentou construir. Essa esfera teria de ser, entretanto, muito grande para "receber sem confusão todos os detalhes importantes de serem oferecidos ao olho em uma imagem suficientemente exata". Como a tarefa é quase impossível, então, diz ele, é melhor inscrever o mapa geográfico sobre uma superfície plana:

> De fato, é indiferente que em lugar de círculos [paralelos e meridianos] que servem para determinar na esfera os climas, as direções dos ventos e em geral para distinguir as diferentes partes da terra e para as verdadeiras posições geográficas nós tracemos linhas retas. O pensamento pode sempre facilmente transportar a uma superfície circular e esférica as figuras e dimensões que os olhos veem representados em uma superfície plana. (Estrabão, 1867, p. 190, v. II)

Insiste que a descrição do mundo é apenas uma parcela do conhecimento, pois há uma "correlação entre os estudos astronômicos e geométricos por um lado e a Geografia de outro" (Estrabão, 1867, p. 13, v. II) ou, como apresenta depois, "uma Geografia propriamente dita e uma Geografia especialmente matemática" (Estrabão, 1867, p. 155, v. II).

A organização da Geografia nos moldes propostos por Estrabão segue um programa que precisa primeiro "tentar determinar o mais simplesmente possível a figura e a extensão dos países que devem encontrar lugar no mapa da terra habitada [...] Com esse primeiro esboço feito, devemos proceder a uma descrição detalhada das diferentes partes da terra habitada: esse é o plano que anunciamos" (Estrabão, 1867, p. 193, v. II). Ele, assim, o cumpriu e a partir do Livro III, depois de haver longamente discutido os aspectos gerais do desenho da terra, passa então a descrever as diversas regiões do mundo habitado.

Como vemos, nesse programa há uma base, um plano que, uma vez estabelecido com rigor e precisão, pode então ser preenchido ou "pintado" com as características detalhadas de cada localização. A descrição não é exaustiva, ela é sistemática, segue uma ordem, valoriza a ideia de conjunto. A grade que estrutura a base, com linhas, massas continentais, mares etc., é a unidade sobre a qual, localizadamente, são colocadas as informações.[39] Trata-se por isso de um sistema de informações geográficas, o qual pode ser visualizado em um desenho ou mapa ou em um discurso que segue a organização sistemática das características regrupada por lugares — em quadros.

A filosofia estoica parece ter sido a primeira a reivindicar a característica de ser "sistemática" (Aubenque, 1972, p. 140). A noção de sistema impõe perceber que cada parcela é solidária e necessariamente interligada a um conjunto. O sistema do mundo não era, no entanto, a perfeição de um estado dado e eterno. Zenão de Cítio (340-264 a.C.) observou que os solos se nivelam, os mares se retiram, todas as partes do universo se corrompem (Diógenes Laércio, 2014 [século III], p. 126). Mais tarde, Posidônio, também como Zenão, procurava na observação da diversidade da natureza as relações que estruturam o mundo. Ele teria assim não apenas sido o autor da primeira explicação que relaciona o fenômeno das marés às fases da Lua, mas também deduzido a

---

[39] Anaximandro (610-546 a.C.), que também é considerado por Estrabão como um pioneiro geógrafo, teria sido o primeiro a desenhar um mapa do mundo com os contornos do mar e da terra. Ele foi uma das vozes a sustentar que as coisas todas seguem uma ordem, sua cosmologia era completamente geométrica, a Terra no centro de um universo simétrico e equilibrado.

relação que existe entre a localização de uma zona geotérmica à posição do Sol. As coisas todas seguem uma ordem. O desenho, gráfico ou textual, a revela.

O plano da obra de Estrabão também é sistemático. Esquecido nos séculos seguintes, Estrabão ganhou novamente relevo desde sua tradução para o latim no século XV e participou do projeto renascentista de discussão sobre a organização do Cosmos, o qual gerou um novo modelo de estudos conhecido como as Cosmografias.[40]

Processo semelhante ocorreu com Ptolomeu (90-168 d.C.), que teve a primeira tradução para o latim feita pelo florentino Jacopo da Scarperia no início do século XV.[41] Como o seu antecessor Estrabão, Ptolomeu também participava da empreitada de querer pensar a variedade do mundo, mas seu projeto se constituiu por uma via diferente, não mais construindo uma descrição detalhada dos lugares. Como é bastante sabido, sua meta era desenhar um mapa do mundo conhecido — "apresentar a Terra como uma unidade e continuidade" (Ptolomeu, 1828, p. 1, v. I). Por meio dos mapas seria possível desvendar a ordem que se esconde atrás da diversidade. A contemplação dessa ordem seria possível a partir da imagem do Cosmos estampada no mapa, sendo esse construído

---

[40] No volume I, Estrabão discorre bastante sobre o uso possível desse conhecimento geográfico para o poder e a administração de Roma. Por isso, muitas vezes ele foi lido sob o prisma do funcionário romano preocupado em reunir informações para a dominação imperial (Lacoste, 1976). De fato, o uso prático da Geografia é assim indicado por ele, mas ele também recomenda aos filósofos que o esforço teórico deve ser feito. Ver a esse respeito, por exemplo, Estrabão, 1867, p. 22, v. I.

[41] A tradução recebeu o nome de "Cosmografia" e teve imediatamente um grande impacto, com três sucessivas edições. Todos os grandes personagens da época tinham um exemplar ou uma cópia, entre eles os navegadores, viajantes e cosmógrafos. Ainda no século XV, outra tradução, de Nicolas o Germânico, atribuiu o nome de Geografia à obra de Ptolomeu (Aujac, 2012, p. 174).

com o uso do instrumental considerado como o mais apto para desenhar essa imagem, a matemática.[42] O projeto do mapa do mundo "deve se apoiar nas descrições que encontramos nos relatos de viagens. [...]. Mas não esqueçamos que, na investigação como na transmissão, devemos nos garantir na geometria e na astronomia"[43] (Ptolomeu, 1828, p. 5, v. I).

A imagem da Terra poderia mostrar os princípios harmônicos que se escondiam no aparente caos da diversidade. Os conhecidos valores que davam beleza às formas, equilíbrio às partes, proporcionalidade aos volumes e simetria seriam revelados no exame do desenho do ecúmeno, uma vez que o Cosmos era, como vimos, princípio da ordem e da beleza.

O desenho da Terra revelaria também a ligação dela com a esfera celeste, uma vez que para ele as linhas e zonas terrestres são diretas projeções do movimento da abóbada celeste sobre a imóvel e central Terra. Por isso, a primeira grande tarefa que ele se impôs foi, a partir da astronomia, refletir sobre a Terra como um modelo geométrico. Disso resultam os critérios que permitem

---

[42] Ptolomeu criticou na Geografia a descrição regional (*corografia*), comparando esse procedimento a alguém que quisesse representar um rosto e desenhasse apenas a orelha. Para ele, só a contemplação do todo, da totalidade da cabeça, poderia ser fonte do conhecimento. Como já dito, muitos geógrafos clássicos, entre eles Ritter, Humboldt, Reclus, Vidal de la Blache, Pinchemel, têm usado a ideia de contemplação e expressões como "face da Terra", "fisionomia terrestre", "imagem do todo", entre outras similares, para caracterizar a Geografia moderna. Vincent Berdoulay, ao ler os originais desse livro, chamou a atenção para o fato de que a expressão *face da Terra* se popularizou nas ciências com a obra do geólogo e naturalista austríaco E. Suess (1831-1914), *Das Antilitz des Erde*, publicada entre 1885-1909.

[43] Traduzimos *períodos gês* por relatos de viagem, pois são descrições advindas das "voltas" dadas no mundo conhecido ou dos périplos realizados. Ptolomeu se mostrou bastante cético em usar essas informações sem uma rigorosa confirmação, "não pela negligência dos viajantes, mas pela falta de instrumentos matemáticos" (Ptolomeu, 1828, p. 2, v. I, cap. IV).

medir as latitudes, as longitudes, o cálculo da duração dos dias, os climas (no sentido de zonas de latitude, as *Klimata*) e, por fim, construir materialmente uma esfera celeste e seus movimentos. O conjunto dessa discussão se encontra na *Sintaxe Matemática* que também ficou conhecida pelo nome em árabe de *Almagesto* ("a muito grande").[44] Somente a partir desse modelo é possível para Ptolomeu propor sua "Geografia", compreendida como "a representação pelo desenho (*graphè*) da parte conhecida da Terra em sua totalidade e das coisas a elas conectadas" (Jacob, 1991, p. 128).

Ele viveu no século II d.C., no tempo do assim chamado estoicismo imperial de Marco Aurélio (121-180 d.C.), e sua obra corresponde ao apogeu de toda uma longa tradição da Antiguidade do conhecimento sobre os lugares. Uma das maneiras possíveis de reunir esse conhecimento podia ter a forma de um desenho: um mapa-múndi. Os mapas para Ptolomeu, assim como para Estrabão, eram imagens, *eikôn*, construídas a partir de um olhar aéreo capaz de imaginar e imprimir uma forma. Esse modo de olhar tem até mesmo um nome para os gregos: *Kataskopos*. Trata-se de uma operação de abstração visual que era fundamental, considerando-se que a Terra não se oferece diretamente ao olhar como os Céus.

Construir uma imagem a partir do olhar que, abstratamente, se coloca numa posição elevada é um dos traços mais marcantes do estoicismo, aparecendo em todas as fases do desenvolvimento dessa corrente filosófica. Esse olhar situa o observador fora do comum ponto de vista. Além disso, recoloca as coisas dentro de um contexto mais largo, relativiza grandezas e, sobretudo, constitui um exercício fundamental de abstração. Por isso, esse exercício

---

[44] Não é totalmente desprovida de importância para nossa demonstração a atenção sobre a etimologia da palavra *syntaxis*, pois *taxis* em grego significa *arrumar, colocar em ordem*, e o prefixo *syn* quer dizer *em conjunto*.

de ver as coisas de outra forma, de desenhá-las pela imaginação, que move o olhar, deslocando-o para uma posição elevada, é uma das práticas recomendadas como básicas, pois permite um recuo, uma distância, uma colocação das coisas em outro contexto e tudo isso nos ajuda a pensar melhor sobre elas.[45] O imperador Marco Aurélio (121-180), maior expoente daquilo conhecido como estoicismo imperial, afirma, por exemplo: "A Ásia, a Europa, os quatro cantos do mundo, o mar inteiro uma gota d'água no universo [...] o presente inteiro, um ponto na eternidade" (Marc Aurèle, 2015, p. 77). Não tomemos, no entanto, esse olhar, o *Kataskopos,* como simples expressão estilística ou metafórica. Ele deveria ser uma prática, um instrumento que registra e desenha. O historiador grego Políbio (200-118 a.C.) o diz claramente: "Ver de cima como um cartógrafo" (Zangara, 2007, p. 46).[46]

Os melhores meios para a construção da imagem da Terra resultante desse olhar eram matemáticos, geométricos, uma vez que garantiriam o respeito às proporções, às ordens de grandeza e às posições relativas entre as diversas coisas figuradas.[47] A produção de uma imagem da Terra é o centro do projeto ptolomaico.

---

[45] Muitos anos mais tarde, em meados do século XIX, o fotógrafo francês Félix Nadar (pseudônimo de Gaspard-Félix Tournachon, 1820-1910) embarcou com uma câmera fotográfica em um balão e fez o que seriam os primeiros registros fotográficos aéreos de Paris (James Black fez o mesmo em 1860, em Boston). Interessante foi o comentário que Nadar deixou sobre a impressão causada por esse ponto de vista em elevação sobre a cidade: "A Terra se desenrola como um imenso tapete, sem começo nem fim." (Nadar 1999, p. 97)

[46] O uso por Zangara da palavra "cartógrafo" na frase de Políbio é certamente uma extemporaneidade, uma liberdade da tradução para denominar aqueles que faziam mapas à época.

[47] Interessante é perceber que muitos séculos depois A. Baumgarten (1714-1762) definiria a estética como resultado das belas-artes que permitiriam vislumbrar a harmonia que reina no mundo e na natureza a partir da contemplação da perfeição da criação divina (Baumgarten, 1988 [1758]). Inspirado talvez em Baumgarten, Kant dizia que as belas-artes só têm sentido se tiverem a aparência da natureza sem necessariamente a imitarem.

Alguns autores enfatizam a ideia de imitação na representação cartográfica proposta por Ptolomeu. Isso se deve em grande parte à tradução direta da palavra *mimesis* como imitação. Sem querer entrar em querelas eruditas sobre traduções, as quais seguiram percursos complexos desde a escrita original até a tradução em nossas línguas vernaculares modernas, acreditamos firmemente, no entanto, que a palavra *imitação* não é apropriada para esse uso. Em primeiro lugar, a imagem não é estabilizada de uma forma absoluta. O próprio Ptolomeu apresentou duas possíveis projeções para o desenho da Terra sobre uma superfície plana. As linhas e zonas indicadas nos mapas não "imitam" aquilo que vemos; ao contrário, fazem-nos ver as coisas de outra maneira. A palavra grega *mimesis,* aliás, também pode ser utilizada para exprimir um significado escondido.

No que diz respeito às imagens, o estoicismo se opõe frontalmente ao sistema de Platão (428-348 a.C.), para quem elas são de fato uma "imitação", simulacros de algo que incompletamente representam. Esse é o sentido maior transmitido pelo conhecido mito da caverna. O platonismo por isso gerou e gera ainda forte desconfiança para com as imagens, no que foi largamente seguido por alguns sistemas religiosos e por muitos intelectuais até hoje. Os diferentes movimentos iconoclastas, na história e na ciência, atestam a importância dessa concepção que empresta às imagens a pretensão de tentar "imitar" um conteúdo que se encontra fora delas ou de, sub-repticiamente, se fazer passar por alguma coisa que elas não são. Essa atitude crítica diante das imagens foi estendida contemporaneamente por influentes pensadores (Foucault, Lacan, Debord, entre outros) que acusam a ordem visual moderna de ter sido estabelecida pelos poderes sociais que eles denunciam. O impacto dessa assim chamada "french theory" teve grande repercussão e difusão (Jay, 1995). Nela apoiados, alguns geógrafos chamam a atenção para a diferença entre a "dolosa" maneira como nos apresentam as imagens e a forma que elas deveriam ter, denunciam uma exitosa estratégia para esconder os problemas reais (Mitchell, 2000). Mesmo as análises de imagens em estudos muito eruditos têm destacado como principal resultado a construção de ideologias (Cosgrove, 1993; Daniels, 1993). Só muito recentemente começa a aparecer uma contestação a essa geral desconfiança na pesquisa com imagens em Geografia (Cosgrove, 2008).

Esse é um dos momentos em que precisamos contar com a iniciativa do leitor para ir adiante em todas as consequências dessa diferenciação no estatuto dado às imagens nos sistemas filosóficos, tarefa que não nos é permitida aqui sem que nos afastemos demasiadamente da linha de raciocínio que queremos manter como central. Voltando, por isso, ao tema de que as imagens para esses autores estoicos não são meras imitações, podemos dizer que o mapa de Ptolomeu é um instrumento que pretende "fazer ver", quer provocar o raciocínio, ou seja, é um instrumento para o conhecimento. O mapa é também um objeto estético, pois essa imagem constitui um meio, matematicamente produzido, pelo qual valores como ordem e harmonia cósmica são reafirmados. Essa imagem é um modelo de beleza. Ela condensa toda uma concepção relacionada diretamente aos valores que exprime.

Isso estaria mais de acordo com aquilo que disse o tradutor de Ptolomeu da edição francesa de 1828, o qual, no prefácio, nos adverte para entender sua *Geografia* como uma descrição geométrica da Terra, como uma "composição" gráfica. Essa compreensão concordaria também com o ponto de vista de Brotton sobre a possível etimologia da palavra *geo-grafia* que, na Antiguidade e nesse contexto, sugeriria para ele "tanto uma atividade visual (desenhada) como uma declaração linguística (escrita)" (Brotton, 2012, p. 31).

Ptolomeu estabilizou uma grade geométrica de referência, justificou essa escolha, criou e descreveu um sistema de tabelas organizadas segundo a localização precisa obtida pelas coordenadas geográficas. Além disso, organizou os fundamentos de uma espécie de arquivo que deveria ser corrigido e acrescentado: "Se retificações se fizerem necessárias pelo progresso na informação, pode-se anotar à margem, nos brancos que se encontram nos mapas regionais" (Ptolomeu, 1828, p. 2, v. II, livro I).[48] Esse conjunto de informações funciona como um banco de dados que ao final geraria um mapa.[49] Evidentemente, quanto mais informações corretas fossem incorporadas ao banco de dados, mais o mapa seria correto. Esse sistema é fundado na localização precisa de diversos elementos: "Com esse objetivo, indicamos, para cada país, seus contornos, costa a costa, sua posição em longitude e em latitude, a situação respectiva das populações mais importantes que aí habitam, assim como as coordenadas precisas de todos os lugares notáveis, cidades, rios, golfos, montanhas e em geral tudo o que se pode encontrar sobre um mapa do mundo habitado" (Ptolomeu, 1828, p. 1, vol. I., livro XIX).

Dessa organização das informações derivavam três tipos de observação relativos aos fenômenos: a posição, a forma e o tamanho. A resolução do problema da localização que permite essas observações é o preâmbulo para que se desenvolva uma Geografia. Ele nos diz isso sem ambiguidades:

---

[48] Ptolomeu acrescenta ainda: "Um procedimento desse tipo permitirá a quem quiser traçar mapas parciais do mundo habitado" (Ptolomeu, 1828, p. 3, vol. II, livro I).

[49] Não se sabe se Ptolomeu o desenhou, mas o protocolo para fazê-lo e as informações necessárias estão todos reunidos em seu texto. A imagem que depois os bizantinos apresentaram como sendo o mapa de Ptolomeu era o produto direto desse texto.

Uma vez levado a termo o estudo dos ângulos, restará para completar as proposições de base determinar a posição das cidades mais notáveis das diversas regiões, em longitude e em latitude, segundo os cálculos dos fenômenos celestes em cada uma delas. Este gênero de **quadro**, bastante especial, que diz respeito à geografia, será apresentado independentemente. (Ptolomeu, 2012, p. 12, v. II, da *Sintaxe Matemática*)[50]

Segundo Aujac, Ptolomeu "organiza um sistema coerente, claro, perfeitamente articulado, em que todas as peças são solidárias" (Aujac, 2012, p. 186). Não é possível chamar esse procedimento de outra forma senão como um sistema de informações geográficas. Se nos for permitido insistir, esse sistema desenhado por Ptolomeu é um quadro de observações localizadas, no qual podemos acrescentar variáveis e ver como se comportam, quais são seus padrões, como se distribuem. Podemos pensar a partir desse quadro. Esse sistema proposto por Ptolomeu também é um quadro geográfico.

Ao se olhar sob esse ângulo, os trabalhos de Estrabão e de Ptolomeu são perfeitamente semelhantes, embora cada um tenha se dedicado mais especialmente a uma parcela do trabalho da apresentação do mundo, ou seja, Ptolomeu voltado à expressão geométrica dessa apresentação e Estrabão à diversidade sistemática das partes que compõem a unidade. A leitura atenta dos dois demonstra fartamente, entretanto, que não há contradição na concepção do projeto da Geografia, tendo Estrabão se ocupado nos primeiros três livros a comentar os aspectos relativos à forma da Terra e suas medidas e Ptolomeu igualmente dedicado

---

[50] Já em sua primeira obra, a *Sintaxe Matemática*, Ptolomeu reconhecia, portanto, o uso dessas informações que se ocupavam da geometria da Terra e resultariam em uma Geografia. (O grifo na citação é meu.)

os últimos capítulos da sua obra à descrição regional. Embora as ênfases fossem diversas, a obra era uma só: a apresentação da "imagem" do mundo. Nesses dois casos essa imagem era obtida, simultaneamente, pela precisa notação das localizações e dos aspectos contidos em cada uma delas. O projeto dos dois era traçar um grande quadro do mundo habitado!

Caso seja acolhido que Ptolomeu e Estrabão tinham projetos semelhantes para a Geografia, que ambos propuseram instrumentos composicionais, ordenamente estruturados e seguindo uma rigorosa grade locacional, fossem eles pictóricos, gráficos ou textuais, aquiesceremos ao cabo que, embora com ênfase em procedimentos diferentes, ambos desenharam quadros, quadros geográficos.

As consequências disso são grandes, sobretudo para a estabilizada história da Geografia que, por comodidade ou preguiça, se acomodou com a apresentação desses dois autores como vértices de duas concorrentes tradições na Geografia. Na bibliografia corrente da história do pensamento geográfico, Estrabão constitui o pilar da Geografia descritiva, regional e empirista e Ptolomeu, o bastião da Geografia matemática, abstrata e geral. Esses dois autores foram capturados completamente pela visão dicotômica que pretendeu ser a versão definitiva da disciplina e que drenava, a partir dos anos 1930, todos os problemas epistemológicos dela. Esse olhar retrospectivo contaminado por querelas e disputas que são muito posteriores impediu que víssemos nesses dois autores a possibilidade de participarem de um mesmo conjunto de autores e obras.[51] Erastóstenes (276-194 a.C.), a quem se atribui o primeiro mapa do mundo conhecido e de um grande tratado de Geogra-

---

[51] Evitamos a palavra *quadro* para não fatigar o leitor com mais uma aplicação possível, mas é disso que se trata.

fia; Hiparco (190-120 a.C.), um dos inventores da trigonometria e propositor pioneiro da projeção cônica; Posidônio, reputado sábio, astrônomo e matemático, estudioso dos fenômenos físicos e geológicos; Polibio (200-118 a.C.), historiador e pensador interessado nas relações entre ambiente e etnografia — todos esses personagens são as fontes comuns de Estrabão e de Ptolomeu. O diálogo entre eles é patente, pois, se Estrabão faz de Erastóstenes e de Hiparco seus grandes antagonistas, o mesmo é feito por Ptolomeu com Marinho de Tiro (70-130 d.C.).[52] A similaridade desses procedimentos também indica que esses dois autores voluntariamente se colocam na cadeia de discussões trazidas por essa série de autores. Evidentemente, entre Ptolomeu e Estrabão, a Terra deixou de ser uma ilha cercada pelo mar Oceano, e o mundo foi prolongado por terras desconhecidas, mas o projeto de construir um sistema ordenado de apresentação da Terra conhecida, um quadro, era muito próximo e tinha um nome: Geografia.

---

[52] Segundo parece, Hiparco teria utilizado o mesmo efeito de antagonismo com Erastóstenes para apresentar suas ideias sobre a forma e extensão do mundo habitado e teria sido o criador da grelha a que mais tarde Ptolomeu deu o nome de latitudes e longitudes (Harley; Woodward, 1987).

Imago Mundi nas cosmografias renascentistas

A imagem gráfica da Terra na Geografia ptolomaica era obtida pelo desenho dos elementos figurados que deviam estar precisamente localizados segundo uma grade construída pelas coordenadas geográficas. Por esse procedimento, todos os elementos julgados como importantes (limites de países, populações, golfos, rios, cidades etc.)[53] eram assinalados e poderiam ser desenhados com precisa localização, posição, forma e tamanho. Tratava-se de uma apresentação do mundo habitado, uma visualização sobre uma superfície plana da imagem da Terra. A partir dessa imagem, era possível estabelecer distâncias, sobreposições, conexões; enfim, pensar sobre a ordem do mundo. A apresentação constituía um requisito para refletir. O desenho era, simultaneamente, um produto do raciocínio e uma ferramenta para levá-lo adiante, desenhava-se para pensar. Denominamos esse conjunto, o artefato gráfico e os procedimentos que a ele se associam, de quadro geográfico.

Na Geografia proposta por Estrabão, a localização igualmente era uma condição fundamental. Ele dedicou dois livros de sua obra para discutir questões de forma, de posição e de tamanho

---

[53] Calcula-se que em suas tabelas ele tenha indicado as coordenadas de aproximadamente 8 mil lugares (Boorstin, 1989, p. 102).

do mundo. No entanto, não recorreu para isso diretamente a um desenho. Apresentou no formato de um texto descritivo os limites, a forma e a distribuição de terras e mares no mundo habitado. Depois, nos volumes subsequentes, prosseguiu a descrição, por continentes — Europa, Ásia e África —, subdividindo-os por regiões ou países. A leitura das descrições das diversas regiões nos mostra, em geral, aspectos que Estrabão, de maneira bem ordenada, procura descrever: as formas, distâncias e tamanhos das áreas, depois a morfologia, a hidrografia, as principais cidades, os tipos de ocupação das terras e a população (distribuição, povos diferentes etc.). Evidentemente, a ordem da descrição pode variar para dar maior destaque aos aspectos mais estruturantes de cada área, mas globalmente essa sequência é seguida. Por óbvio, as regiões mais visitadas e conhecidas recebem maior volume de informação, como é o caso da Itália e de toda a Europa Ocidental. O fundamental a observar é que essa descrição é ordenada e sistemática, de certa maneira, como um desenho. As informações estão devidamente localizadas e são de tal forma apresentadas que "produzem" imagens. Queremos dizer que, sem serem graficamente figuradas, as descrições nem por isso deixam de compor um sistema espacial. Elas se organizam como se houvesse como guia um quadro sinóptico que as situasse. A evocação dos elementos produz composições e, como tudo é apresentado seguindo uma ordem locacional, essas informações são geográficas e, por isso, brotam no espírito do leitor como um quadro geográfico.

No Renascimento, com a redescoberta e as traduções das obras de Estrabão e de Ptolomeu na Itália e depois sua difusão pelos círculos intelectuais de toda a Europa, houve um forte estímulo à produção de novas apresentações do mundo. Esse impulso era também solidário da grande aventura das viagens exploratórias e da descoberta de novas terras no globo. Sabemos, por exemplo, que Cristóvão Colombo (1451-1506), entre outros navegadores e descobridores, foi um atento leitor de Ptolomeu.

Desde finais do século XV começava a voltar a se difundir uma forma de olhar o espaço que lembrava a "visão de cima" recomendada pelos estoicos. O espaço é então submetido a um abstrato olhar aéreo segundo variadas inclinações e expandem-se os horizontes do "visível" de um recorte espacial que, embora não seja "naturalmente" visto, é facilmente assimilado. Identifica-se isso claramente desde 1493 na publicação em Nuremberg da *Weltchronik*, de H. Schedel (1440-1514), uma coleção de diversas vistas de cidades. Também é nessa região que o pintor Altdorfer (1480-1538) pintou o quadro *A batalha de Alexandre* (1529), no qual a inclinação do ponto de vista aéreo cria a possibilidade de contrastar o primeiro plano denso e colorido com a paisagem do fundo (Asendorf, 2013).

Houve, no entanto, em relação à Antiguidade uma reconfiguração na forma de apresentação do mundo, tanto do ponto de vista gráfico como da descrição textual: as cosmografias. Como o nome bem indica, essas obras são simultaneamente a exposição do conjunto de coisas que compõem o Cosmos e uma forma de visualizar esse conjunto. Elas reuniam, por isso, a soma de conhecimentos sobre a Terra organizados por temas, mas guardando a perspectiva de mostrar a coesão final do todo. A peculiaridade das cosmografias consistia no fato de esses textos serem sempre acompanhados de farto material gráfico, de figuras e de mapas (Broc, 1980; Lestringant, 1991). Tão importantes eram essas coleções gráficas que, muitas vezes, as descrições vinham anotadas junto aos mapas ou figuras. Esses estudos, que uniam a descrição da ordem terrestre à astronomia, retomam preocupações trazidas pelo estoicismo, e não parece assim fortuita a relação das obras de Estrabão e, por conseguinte, de Posidônio e de Ptolomeu com os cosmógrafos renascentistas que são considerados precursores da moderna Geografia.[54]

Tratava-se de apresentar o mundo. Tratava-se também de explicar, de forma geral e sistemática, a variedade dos fenômenos que ocorriam e suas múltiplas conexões. A cosmografia de Waldseemüller (1470-1520), de 1507, *Universalis cosmographia secundum Ptlolomaei traditionem et Americi Vespucii alioru[m]quem lustrationes*, foi uma das primeiras. O mapa era acompanhado de um texto intitulado *Cosmographiae introductio*, que o comentava e o associava à narração das quatro viagens de Américo Vespúcio (1454-1512). Ao mesmo tempo em que se apresentava como uma continuação do trabalho de Ptolomeu (o busto dele figura no mapa), trazia o desenho das novas terras a oeste às quais ele atribuía, ao que consta pela primeira vez, o nome de América. O grande mapa era formado por um conjunto de doze pranchas que no total tinham 1,3m por 2,4m e, para ser bem apreciado, deveria ser afixado em uma parede. Esse parece ter sido o primeiro mapa a ser concebido com essa finalidade.

Quando Ptolomeu justificou a necessidade de transpor a imagem da Terra sobre uma superfície plana, a principal razão trazida foi a de que a forma do globo, como o que teria sido feito por Crates ou aquele proposto por Posidônio, embora correspondesse melhor à Terra, não traria a vantagem do mapa de oferecer aos olhos a imagem da Terra vista de uma só vez. Talvez por isso Waldseemüller, simultaneamente à confecção do seu grande mapa-múndi, tenha proposto dois outros produtos, um globo e um mapa em gomos que, se colados a uma esfera, recomporiam

---

[54] Broc identifica nas cosmografias, junto com os relatos de viagens, os dois modelos básicos que servirão de pilares à emergência da moderna Geografia (Broc, 1980).

também um globo (Brotton, 2014, p. 188). É sabido que a construção do primeiro globo na Renascença ocorreu em Nuremberg, em 1492, por Martin Behaim (1459-1507), que o chamou de *Erdapfel* (maçã da Terra). A notoriedade desse primeiro exemplar parece ter inspirado a confecção de muitos outros e dizia-se que o exame desse globo teria influenciado Magalhães a fazer sua viagem de circum-navegação.

De qualquer forma, a produção de globos e esferas celestes participava desse mesmo contexto que demandava imagens e visualizações do mundo, um contexto dentro do qual as cosmografias, com seus mapas associados a textos descritivos, podem ser apontadas como um produto característico. A *Cosmografia universal* de Sebastian Münster (1488-1552) de 1544 é reconhecida quase de modo unânime pelos comentadores como a excelência maior desse modelo cosmográfico.[55] O plano da obra começa por uma discussão da física da Terra e dos princípios matemáticos necessários à sua descrição, depois se dedica a comentar a dispersão da espécie humana que se seguiu ao Dilúvio e, logo após, organiza a descrição por continente: Europa, Ásia, "Novas terras" e África. Segundo C. Glacken (1909-1989), excetuando as considerações religiosas, Münster produziu uma "geografia descritiva" (Glacken, 1967, p. 35). De fato, Münster não escondia sua admiração e inspiração na obra de Estrabão e sentia-se envaidecido de ser considerado o "Estrabão alemão" (Glacken, 1967, p. 34). Pelo que vimos acima, talvez a caracterização apenas como "descritiva" dessa Geografia não seja completamente satisfatória. Teremos a oportunidade de voltar a esse tema mais adiante. Por enquanto é

---

[55] Para se ter uma ideia desse papel modelar, observemos, por exemplo, que duas outras "cosmografias universais" apareceram poucos anos depois, a de Thévet (1555) e a de Guillaume le Testu (1556), e seguiam aproximadamente o mesmo plano.

importante reconhecer que também a descrição se incorporava ao projeto de fornecer informações localizadas e imagens do mundo.

Nesse mesmo sentido encontramos em Mercator (1512-1594) a similar disposição de criar "um estudo de todo o projeto universal que une os céus à Terra e da posição, movimento e ordem de suas partes" (Crane, 2003). Depois de um minucioso estudo e da publicação de uma versão corrigida da obra de Ptolomeu, Mercator compõe enfim, em 1594, sua cosmografia, o *Atlas sive cosmographicae meditationes de fabrica mundi et fabricate figura* (Atlas ou meditações cosmográficas sobre a fabricação do mundo e a figura do fabricado), com 107 mapas.[56] Antes Mercator havia produzido diversos outros mapas, quase sempre acompanhados de descrições. Construiu também um globo, uma esfera celeste e grandes mapas de parede, mas foi aparentemente ele que iniciou esse novo formato de conjunto de mapas em um livro que batizou como *Atlas*. Evidentemente, trata-se de mais um artefato a se somar aos outros nessa divulgação de imagens do mundo.

Para Cosgrove (1948-2008), o trabalho do também holandês Abraham Ortelius (1527-1598), o *Theatrum Orbis Terrarum*, de 1570, é uma espécie de "narrativa espacial" (Cosgrove, 2003). Segundo ele, essa coleção de mapas acompanhada de comentários está carregada de referências ao estoicismo: a unidade do mundo, a retórica do universalismo, o cosmopolitismo, a unidade na diversidade, uma ordem natural que é também moral ou ainda a apresentação do mundo por meio da metáfora do teatro. O ideário contido no *Atlas* de Ortelius é para Cosgrove uma inequívoca manifestação das ideias estoicas que marcarão depois a filosofia e a Geografia no Iluminismo.

---

[56] A publicação apareceu um ano depois de sua morte.

O conhecido pintor Bruegel era um amigo próximo do cosmógrafo Ortelius. Ele efetivamente, talvez inspirado no "olhar de cima" dos estoicos, tirou partido das variadas possibilidades de deslocamento desse olhar panorâmico (sem delimitações claras) e criou em seus quadros muitas composições bastante inovadoras à época. Isso deu origem ao que mais tarde ficou conhecido como *Weltlandschaften* ou *überschaulandschaften* (paisagens panorâmicas), que começou a ser praticado com grande mestria em vários países. Um exemplo pioneiro disso é o conhecido quadro de Veneza, de Jacopo de Barbari, denominado *Vista perspectiva de Veneza* de 1500 (Asendorf, 2013). Muitas cidades são a partir de então cartografadas seguindo uma perspectiva planimétrica e acompanhadas de perfis; é a época também das grandes maquetes urbanas, muito difundidas na Europa.

No entanto, nada dessa popularização de imagens da Terra é mais significativo do que a reprodução, em 1655, dos três globos hemisféricos planos no piso da maior construção pública de Amsterdam da época, a prefeitura da cidade (Brotton, 2014, p. 288). Eles foram originalmente desenhados pelo holandês Joan Blaeus (1596-1673), cosmógrafo da Companhia Holandesa das Índias Ocidentais. O desenho era a cópia de um mapa de 1648, composto de 21 pranchas, com um total de 6m^2.[57] O pai de Joan Blaeus, o também cosmógrafo Willem Blaeus (1571-1638), como Mercator, associava os mapas a outras figuras e a textos descritivos. Um dos mais impressionantes exemplos é o seu *Nova Orbis Terrarum Geographica*, de 1606, no qual figuram ao lado do mapa-múndi

---

[57] Na Antiguidade, durante os tempos de Augusto, o mapa-múndi de Agripa teria sido o maior já construído e foi exposto sobre o chão, em Roma, na área do Campo de Marte, nos limites da cidade. Há muita discordância em relação ao tamanho e à forma desse mapa. Alguns comentários sobre ele nos chegaram por intermédio de Estrabão.

desenhos de monarcas, perfis de cidades, personagens com trajes típicos curiosos, descrições de lugares etc. Adotando a ideia de Mercator, Joan Blaeus e seu concorrente Janssonius (1588-1664) publicam uma série de coleções de mapas e textos também chamados de *Atlas*.[58] Essa corrida culmina com a publicação do *Atlas Maior*, que continha 593 mapas e 22 volumes com descrições de todas as áreas do mundo conhecido, as quais somavam mais de 4 mil páginas. Na última publicação de Blaeus, nunca terminada, a Geografia é assim anunciada no título: "Geografia, primeira parte da Cosmografia de Blaeus na qual os mapas do mundo são apresentados diante dos olhos, elucidados com descrições" (*Geographia, qu'est Cosmographi' Blavian' pars prima, qua orbis terr' tabulis ante oculos ponitur, et descriptionibus illustratur*) (Krogt et al., 2011). Nada mais significativo, naquela que foi uma das últimas grandes cosmografias renascentistas, que se anuncie tão sucintamente em seu título todo o programa que caracterizou uma época.

A ideia contida nessas cosmografias de que a Terra era um grande palco de eventos, o *theatro mundi*, é de fato marcante. Notemos que a palavra de origem grega *teatro* apresenta forte comprometimento com a ideia de contemplação, uma vez que significa literalmente "lugar para olhar". Quando possuía uma inspiração próxima da doutrina religiosa cristã, esse teatro era visto como o espetáculo organizado para um único espectador, Deus, que tudo via, tudo acompanhava, tudo julgava. Diversas cosmografias começavam com relatos da criação do mundo

---

[58] Blaeus, em seu *Atlas* de 1662, coloca lado a lado Ptolomeu e Copérnico e no alto do seu mapa simboliza um sistema heliocêntrico. Se tivéssemos dúvidas sobre o poder dessas imagens de apresentarem o mundo, talvez essa mudança em relação ao Atlas de Mercator fosse suficiente para demonstrar-nos a complexa rede de informações que existia nesses objetos que extrapolavam muito o simples dado cartográfico.

inspirados nos textos bíblicos da *Gênesis*. Assim ocorre na *Cosmografia Universal* de Münster ou naquela de Mercator, que na juventude teve de responder a um processo por heresia. Talvez por isso, em 1558, ele tenha criado um grande mapa de parede intitulado "Mapa da Terra Santa para melhor compreensão da Bíblia" (Brotton, 2014, p. 254).

Nas versões mais pagãs, o teatro do mundo era visto como uma cena onde os atores atuavam e eram simultaneamente os espectadores (Besse, 2003b). Para alguns críticos de arte — Justus Müller-Hofstede (1929-2015) —, o pintor Bruegel, por exemplo, coloca nas vistas panorâmicas a atividade humana, laboriosa e razoável, em oposição à grandeza da natureza (Müller-Hofstede, 1998). Os homens não são apenas passivos atores do teatro do mundo, eles são seus produtores.

Nos dois casos, sejam os homens mais ou menos autônomos em relação aos desígnios divinos, há uma ideia de que o conhecimento provirá da observação metódica e contemplativa dos eventos, uma vez que há neles essa concepção de um plano geral, ordenado e teleológico. As cosmografias se inspiram de fato no estoicismo, mas esse plano ordenado deixa, entretanto, de ser nesse momento uma ordem cósmica natural e passa a ser totalmente, ou pelo menos em parte, teológica.

Segundo Glacken, essa teologia natural dominante que procura sinais da criação e dos relatos bíblicos na observação da natureza somente será superada a partir do século XVIII: "Pouco a pouco com Buffon, Humboldt, Lamarck e Darwin, os estudos das interações naturais começam a preponderar em face do domínio da ideia de uma criação" (Glacken, 1967, p. 137). Desse modo, o processo de secularização da imagem foi gradativo. O visual passa a ser fortemente associado à ideia de medida, sobretudo após o Renascimento. O desenvolvimento da perspectiva, a proposta de geometria analítica de Descartes e toda a secularização do conhecimento científico culminam no Iluminismo. Paralelamente, o visual se distingue do narrativo, ganha independência. O pensamento geográfico do século XVIII testemunhou esse movimento: o texto é separado do mapa e os mapas não se confundem mais com outras imagens (Woodward, 2007).

Se julgássemos apenas pelas imagens, poderíamos dizer que elas se libertaram antes dos textos. Afinal, adverte-nos Brotton, é preciso prestar atenção para o fato de que, em 1290, o mapa-múndi de Hereford, o qual apresenta o mundo segundo uma relação direta com o corpo de Cristo e com a história religiosa, "é chamado de 'estorie' (história); em 1507, o mapa de Waldseemüller se autodenomina cosmografia, uma ciência que descreve a Terra e o céu" (Brotton, 2014, p. 170). A exemplo do que nos ensinou Alpers, o mapa de Hereford pode ser entendido apenas se deciframos as complexas analogias com a história bíblica (o Jardim do Éden, o Apocalipse, a Criação, a vida de Cristo e assim sucessivamente). Portanto, dependemos de uma narração externa à imagem. Por sua vez, a imagem funciona como ilustração da narração e só assim ganha sentido.

No outro mapa, ao contrário, a descrição mostra o mundo segundo um sistema de ordenamento da informação, o qual é locacional, e a notação segue objetivamente esse sistema, busca-se o sentido na imagem tal qual a percebemos. É comum incorrermos no abuso de ver nela algo que ali não está, a mão de Deus, a ordem divina, o equilíbrio das partes ou seja lá o que for, mas a imagem descritiva não depende desses sentidos para se mostrar. Por isso é aberta e deixa sempre escapar um sentido que pode ser concorrente com aquilo que porventura se quer imperativamente impor. Por isso, tantas vezes, os fabricantes de imagens tiveram problemas com as religiões, pois elas são narrações bastante fechadas. Os cosmógrafos confirmam essa regra e foram muitas vezes incomodados pelos problemas com as autoridades religiosas.

Como indicado por Glacken, o pensamento científico foi aos poucos se liberando do plano teológico e do seu forte conteúdo narrativo. Isso quer dizer que as formas de apresentação do mundo e suas imagens podiam derivar da sistemática observação para a abertura de inéditas conexões explicativas e de objetivas construções lógicas. Tudo isso expõe o conhecimento às surpreendentes descobertas. Foi isso o que aconteceu.

No plano da obra mais volumosa de Alexander von Humboldt, o *Cosmos*, encontramos similitudes com aquela estrutura recomendada pelo filósofo estoico Posidônio, o qual sugeriu que devêssemos começar pela descrição do céu, em seguida da Terra e, depois, da vida orgânica, nessa ordem de hierarquia, e procurar ao fim mostrar como essas três ordens estão encadeadas ou são conexas com aquilo que ele denominava, de forma bastante significativa, como a "física do mundo". As cosmografias em grande parte também seguiram esse plano. O fato é que, de modo diferente de seus antecessores, Humboldt procurou essas conexões na forma como os fenômenos apareciam, sem um roteiro interpretativo já estabelecido. Se no começo de suas observações ele ainda se deixava inspirar por uma "alma do mundo", um princípio global que estaria presente em todas as coisas, orgânicas e inorgânicas, aos poucos isso passou a ser cada vez mais secundário e alegórico, e a noção do todo subsiste apenas na possibilidade de conexão indiscriminada de todas as coisas. Com essa possibilidade aberta, a localização passa a ser um elemento-chave para pensar as conexões. Mapas, figuras e quadros são instrumentos básicos para pensar causalidades e ações recíprocas. As imagens do mundo ganham autonomia, não são representações, mas, sim, apresentações.

Outros quadros geográficos

A palavra *quadro* significa não apenas uma estrutura de quatro lados, mas também tudo o que ali está contido. Assinala assim uma delimitação entre aquilo que é interno e o que é externo, ou seja, reúne o que está dentro e separa do que está fora. Com essas características, possui uma utilização muito variada, denomina desde um objeto físico até um conjunto de ideias em uso metafórico. Michel Foucault (1975) chamou nossa atenção para o alcance da polissemia do termo *quadro*. Afinal, esse termo serve, entre outras coisas, para denominar figuras, tabelas, gráficos ou grandes diagnósticos sobre um determinado assunto. Notou também que o apelo à ideia de quadro passou a ser característico do vocabulário científico dos séculos XVIII e XIX. Esse uso era sobretudo precioso quando se tratava de um volume grande e/ou variado de informações que precisavam ser organizadas, "enquadradas". Ele assim resume:

> A construção de quadros foi um dos grandes problemas da tecnologia científica, política e econômica do século XVIII: organizar os jardins botânicos e os jardins zoológicos e, simultaneamente, construir classificações racionais dos seres vivos; observar, supervisionar, regular o fluxo de bens e dinheiro e assim construir um quadro econômico que pudesse funcionar como princípio

da produção de riqueza; inspecionar os homens, observar sua presença e ausência, e fornecer um registro geral e permanente das forças armadas; distribuir os doentes, separar uns dos outros, cuidadosamente dividir o espaço hospitalar e fazer uma classificação sistemática das doenças: estão entre essas muitas operações em que dois componentes gêmeos — distribuição e análise, controle e inteligibilidade — são associados um ao outro. (Foucault, 1975, p. 174.)

Dessa forma, para Foucault, organizar dados científicos, políticos e econômicos é uma atividade intimamente ligada à da distribuição e à ordem das coisas no espaço. Mais do que isso, o quadro constitui um instrumento que permite compilar, organizar e analisar.

A eficácia desse instrumento talvez advenha do fato de o termo *quadro* nos obrigar a considerar coisas em conjunto. É preciso também que aquilo reunido dentro do mesmo enquadramento tenha um equivalente marco referencial, compartilhe um mesmo universo de significação ou, em uma palavra, componha um sistema. Como já dito, quando um sistema de informação tem como elemento básico de notação a localização ou posição, estamos em presença de um sistema de informações geográficas. Ao levarmos isso adiante, podemos dizer que um "quadro", seja ele qual for, pela forçosa delimitação que impõe e pela aceitação de que há um sentido entre aquilo que ele reúne, é sempre o "desenho" de um sistema de informações geográficas.

Pensemos em uma pintura. O que ali está figurado segue uma ordem sobre aquela superfície, sobre aquele espaço, de tal forma que há elementos mais "visíveis" que outros, há jogos de posição, de proporção, de volumes. As posições, as proporções e os volumes constituem informações geográficas, pois assumem lugares dentro desse universo e, a partir disso, criam significados e leituras possíveis. Desde meados do século passado são reconhecidas objetivamente, pelo rastreamento visual, a desigual distribuição e a fixação do olhar sobre a superfície de um quadro.[59] Sabe-se também que essa variação apresenta relação direta com a composição visual, ou seja, com a distribuição do conteúdo nessa superfície. Alguns estudos demonstram que, ao apreciar uma tela, uma fotografia, uma cena, o olhar descreve trajetórias, muitas vezes repetitivas, e permanece também em alguns pontos mais detidamente (Yarbus, 1967).

Esse padrão faz lembrar o modelo de mobilidade descrito por T. Hägerstrand (1916-2004) e assim interpretado por Nigel Thrift (1949-): "O quadro [framework] da time-geography examina a coordenação das possibilidades de ação do indivíduo no tempo e no espaço com objetos e organizações existentes no tempo e no espaço" (Thrift, 1977, p. 4). Não é demais lembrar, aliás, que esse modelo de deslocamentos no tempo e no espaço foi apresentado por Hägerstrand por meio de um gráfico denominado "cubo" (ou aquário). O cubo era formado por uma visualização em três dimensões, a base "X e Z", o espaço, e a altura "T", o tempo de permanência, a partir do qual se formava o desenho de amostras de trajetórias de pessoas rastreadas no tempo e no espaço que resultavam em padrões de deslocamentos e lugares de interação ou encontro. Essa solução gráfica é mais uma possibilidade de expressão de um sistema que faz da localização, nesse caso dupla, no tempo e no espaço, sua base. Esse é outro pequeno exemplo de um sistema de informações geográficas que, nesse caso específico, apresenta como quadro de análise um gráfico em forma de cubo.

---

[59] Alguns dos primeiros estudos mais sistemáticos foram descritos por Buswell (1935).

Também já exploramos, em outra oportunidade, a ideia de haver uma cartografia do olhar que interpreta as composições de uma figura. Constatamos que o lugar ocupado por ela, a forma de exposição, são elementos que intervêm diretamente na recepção e na compreensão daquela imagem. Isso quer dizer que um quadro, ao delimitar o que deve estar reunido na composição interna, não deixa por isso de também produzir sentido pelo que separa. Mais ainda, produz também sentido pelo lugar próprio que ocupa, pela narrativa dentro da qual se inscreve. Por exemplo, com uma pintura dentro de um museu, interpretamos o que ela contém, o tema, os elementos composicionais, as técnicas utilizadas, o autor, o momento em que foi produzida etc. Não podemos esquecer, no entanto, o "quadro" dentro do qual essa obra é oferecida ao olhar, o Museu. Que tipo de museu é, em que local dele a pintura está exposta, que outras obras dela se avizinham, que sala ocupa? Diríamos que são sistemas (ou subsistemas) portadores de sentido e, ainda que não o consideremos de forma explícita, eles intervêm na apreciação, na compreensão do significado, no julgamento que fazemos. Uma pintura figurativa produz sentido pela composição que exibe, a figuração de coisas no espaço, mas ela mesma aprende/depreende sentido dentro do espaço em que se encontra.

Se aceitarmos isso para uma pintura, podemos então alargar nosso raciocínio e pensar outras imagens ou "quadros" que podem não ser necessariamente objetos fixos. É possível, por exemplo, pensarmos em cenas da vida comum como "quadros geográficos". Elas também produzem sentido pelo conteúdo que ali transita; no entanto, em grande parte esse conteúdo é conotado pelo lugar em que a cena ocorre. Não vamos desenvolver esse tema aqui, pois ele já foi objeto de outras publicações (Gomes, 2007; 2008a; 2008b; 2010). Queríamos apenas demonstrar que um "quadro" é um instrumento de análise que opera simultaneamente em diversos sistemas de significação.

É ainda Foucault quem nos adverte de que, a despeito de se falar muito em ideologia nas ciências sociais, têm sido frequentemente esquecidas as tecnologias operatórias por meio das quais se constituem os saberes (Foucault, 1975, p. 187). É exatamente isso o que queremos salientar aqui, ou seja, como a forma de trabalhar com "imagens enquadradas" tem sido um poderoso instrumento de constituição da Geografia. Aliás, para Foucault, o "quadro" é ao mesmo tempo uma técnica de poder e um procedimento do saber.

Finalmente, a última consideração é ousada, mas se mostra bastante instigante na reflexão dos quadros como sistemas operacionais de informações geográficas. O primeiro passo a considerar é uma nefasta concepção que procura restringir a compreensão desses sistemas como simples bancos de dados georreferenciados, que podem resultar em figurações oferecidas sob a forma cartográfica ou, em outras palavras, em mapas.

Já dissemos que os mapas são apenas uma das formas de esses "quadros" geográficos se apresentarem e procuramos convencer o leitor de que muitas imagens, a exemplo da modelar *Naturgemälde* de Humboldt, devem ser vistas como "quadros geográficos", pois congregam e produzem sentido pelo sistema de posição entre diferentes variáveis aí expostas. Agora queremos dar um passo adiante e afirmar que tabelas e gráficos são também "quadros geográficos". Tudo depende da maneira como os consideramos.

Outros mundos

Consideremos uma partitura musical. Esse sistema de escrita (pauta) estabelece como base um espaço definido por cinco linhas de referência (outras linhas podem ser depois acrescentadas, aumentando esse espaço inicial). A clave, inscrita logo no início dessa pauta, indicará qual a orientação da leitura; esse é o ponto referencial que definirá todas as outras posições relativas. O de uso mais comum é a clave de Sol, que indica o ponto localizado na segunda linha como a nota Sol, e o desenho da clave começa aí. Daí, todas as outras notas seguintes terão os valores estabelecidos a partir desse ponto de origem. Outros "acidentes" podem ser sinalizados (bequadro, dobrado sustenido e bemol), modificando o valor relativo da leitura, mas a validade deles é limitada somente à linha indicada. A partitura também indica os tempos de duração de acordo com o sistema de notação de figuras musicais (semibreve, mínima, semínima, colcheia, semicolcheia, fusa e semifusa), as quais se associam e formam blocos.

Ler uma partitura significa transferir todo esse sistema de notação para outro suporte — os instrumentos —, no qual se trilhará um caminho guiado por esse "mapa". Como se percebe, esse é um sistema, pois há relações entre todas as coisas que aí aparecem. Esse sistema tem como base a localização, a posição e a duração das notas, assinaladas por sinais gráficos, os quais devem ser lidos em conjunto, pois só assim ganham sentido. Desse modo, executar uma música a partir da leitura de uma partitura pode ser visto como cumprir um percurso, um roteiro inteiramente balizado pela instrução gráfica contida nesse sistema de posições. A música, em princípio, não tem relação alguma com a Geografia, mas sim o sistema de escrita pelo qual comumente ela é comunicada. Sua base é um sistema de localização e de posições, um sistema espacial; depende, assim, de um raciocínio "geográfico" para ser estabelecido. Foi uma maneira geográfica de pensar que traduziu o "mundo" (a ordem das coisas) da música, em uma linguagem gráfica por meio da qual esse mundo se apresenta.

A palavra topologia parece ter sido criada em meados do século XIX para designar um campo de estudos que havia começado a se desenvolver na matemática desde o século XVIII com o nome de geometria *situs*. Atribui-se ao matemático Euler (1707-1783) a primeira clara utilização de um raciocínio topológico na resolução de um problema. Tratava-se do desafio das "sete pontes de Königsberg", pelo qual se desejava saber a respeito da possibilidade de completar o circuito das sete pontes que ligavam duas ilhas ao resto da cidade, atravessando-as apenas uma vez e retornando ao ponto de partida. Em 1736, Euler demonstrou a impossibilidade e, para fazê-lo, fez um desenho no qual cada área conectada pelas pontes se transformou em um ponto (vértice), entre os quais traçou arcos, os caminhos pelas pontes. Esse desenho esquemático foi identificado como um grafo. Por meio dele se tornou fácil mostrar que o número ímpar de arcos (arestas) que conectam todos os vértices impossibilita um circuito com uma só passagem pelas pontes, o que só pode ocorrer para o ponto de chegada e o ponto de partida. É importante perceber que, apesar da extrema simplificação e esquematização do desenho, ele preserva a posição e os fluxos gerados.

Por esse motivo, essa formulação adquire o nome de topologia (topos = lugares), pois trata-se de uma análise que raciocina a partir desses dois elementos fundamentais, posições e relações entre elas. As formas "reais" não interessam, o que deve ser preservado são as relações topológicas, ou seja, as posições. Hoje, a designação de topologia tem um amplo emprego, sendo utilizada nas áreas da topografia, da linguística, da psicanálise, da química etc. Em outras palavras, poderíamos afirmar que o raciocínio topológico tem emprego em muitos outros mundos, mas sempre mantendo como base a ideia de um espaço definido por um "desenho" contendo "lugares" (posições) e relações entre eles. Poderíamos ainda prosseguir e substituir topológico por geográfico, uma vez que o raciocínio que valoriza posições e relações entre lugares é aquilo que funda e dá qualidade à Geografia.

Muitos autores em Geografia fizeram esse percurso. Partiram do raciocínio espacial geográfico para chegar aos grafos ou, ao contrário, utilizaram as discussões e instrumentos associados a esses grafos na matemática para constituir um aparelho de raciocínio espacial. O exemplo de W. Christaller (1893-1969) e sua *teoria das localidades centrais* é o mais conhecido, mas muitos outros fizeram uso desse instrumental, sobretudo os assim chamados "quantitativos". Tal uso, no entanto, não lhes ficou confinado e podemos dizer que os estudos que utilizam o conceito de rede têm relação direta com a teoria dos grafos, uma vez que os nós de uma rede nada mais são do que "vértices", e os fluxos que os conectam são "arestas"; assim, muitas relações estabelecidas pela teoria dos grafos têm um grande uso na bibliografia recente da Geografia que trabalha com essa ideia de rede.

A topologia de rede costuma ser dividida em topologia física e topologia lógica. Ao que parece, essa nomenclatura apareceu nos anos 1980 com o desenvolvimento das redes de computadores. Tal denominação nos remete imediatamente ao trecho do curso de Geografia Física de Kant, que diferenciava, exatamente nesses mesmos termos, as classificações e as formas de pensar: físicas e lógicas. A primeira considerava as coisas em seu conjunto, na maneira como apareciam, em seus aspectos fenomênicos; já a segunda procurava um critério comum que pudesse "ligar" as coisas. Como vimos, o exemplo de Kant para realizar essa distinção foi a classificação das plantas feita por Lineu, vista por ele como lógica. Recomendou Kant que se tratassem as plantas em seu conjunto, na maneira como apareciam no espaço, dentro de uma perspectiva física, o que foi, como sabemos, anos mais tarde, realizado por Humboldt em sua Geografia das Plantas.

Em relação às redes, a topologia lógica discute a forma como se organizam os fluxos entre as partes de uma rede. Já a topologia física descreve a forma pela qual os elementos estão conectados, o desenho da rede (ponto a ponto, barramento, anel, estrela, malha, árvore e encadeamento). Agora, amparados nesse e nos outros exemplos, é possível prosseguir e associar essa maneira física de pensar à consecução de um desenho (um grafo), o qual apresenta um fenômeno por meio da estrutura posicional e de suas relações, organizando assim um espaço. A partir dele podemos refletir espacial e geograficamente. Assim é a Geografia como uma forma de pensar.

Há uma dependência do sentido da leitura pela posição dentro do "desenho". Da mesma maneira, em uma tabela, o valor de uma notação nos é fornecido antes de tudo pela posição em que está situado. Que fique claro: estamos chamando de posição a localização de algo relacionado a um sistema de referência, como as coordenadas geográficas ou a grandeza que é identificada nos eixos de um gráfico; chamamos de situação a posição de algo em relação ao que está em torno, ao contexto no qual aparece.

Assim, podemos avançar e dizer que o aparelho gráfico no qual haja uma relação direta entre a posição e a leitura compõe um "quadro geográfico". Em primeiro lugar, esses instrumentos são ordenados segundo uma lógica posicional, ou seja, o conteúdo está arranjado em uma grade de referência que designa lugares de acordo com a variação observada de um evento ou de um fenômeno. A leitura dos fenômenos é, por conseguinte, diretamente tributária dessa "geografia" desenhada pelas variáveis. Quando mais de uma variável ou mais de um evento se encontram representados em gráficos ou tabelas, a leitura e a interpretação são produzidas pela conectividade entre as diversas posições assinaladas como valores observados. A análise se constrói, assim, pelo jogo de relações que podemos fazer levando em consideração as diversas posições e situações assumidas pelas variáveis. Em segundo lugar, esses gráficos e tabelas são também um sistema, pois colocam juntos e em relação elementos e conseguem a partir disso que vejamos coisas que separadamente não veríamos.

Dessa forma, é fácil justificar que um gráfico ou uma tabela esteja organizado como um sistema de informações, ou seja, os dados, ao serem organizados segundo princípios comuns, transformam-se em informações. Precisamos apenas dar mais um passo e observar que, em virtude do modo de apresentação dessas informações, o "lugar" que ocupam, elas exprimem sentido, e isso permite estabelecer conexões com outros "lugares"; então, esse sistema de informações é geográfico. Tabelas e gráficos, assim como mapas, constituem instrumentos para pensar, os quais são orientados segundo uma lógica posicional. Assim, esses instrumentos são quadros geográficos.

Caso essas considerações sejam avaliadas como razoáveis, outras leituras seriam possíveis em face de algumas publicações como a *Ansichten* de Humboldt e toda uma tradição gráfica na Geografia. É preciso que reconheçamos que, a despeito de terem variado muito desde os primeiros esquemas, os blocos-diagramas, os desenhos de campo até os coremas ou as sofisticadas figuras digitais, há uma longa tradição da Geografia em se valer desse instrumental gráfico para refletir e apresentar os problemas que trata.[60] É preciso também reconhecer que muitos outros campos disciplinares utilizam essas ferramentas e o fazem, às vezes, com grande mestria e utilidade. Isso nos adverte de que o raciocínio geográfico não se esgota e não é de uso exclusivo dos geógrafos.

Pode ser difícil admitir isso de imediato, mas comparemos analogamente com a história. Nada há de mais natural do que o uso indiscriminado do raciocínio cronológico, de uma ordem que se constrói pela sucessão no tempo de ser analiticamente válida em muitos e diferentes campos do conhecimento. Periodizações, linhas do tempo, raciocínios evolutivos, entre outras ferramentas, são comumente utilizados sem que se denuncie algum abuso ou extrapolação de competências. As ferramentas que fazem ver a ordem no espaço, que se constrói pela sucessão na extensão, são também a justo título de uso generalizado. Precisamos apenas restabelecer o fato de que elas se originam e se constituem pelo

---

[60] O conceito de corema foi criado e utilizado por Roger Brunet (1931-) durante os anos 1980. Segundo essa perspectiva, formas geométricas básicas — os coremas — permitiriam, a partir de várias combinações, explicar todas as estruturas geográficas (Brunet, 1980).

exercício de um raciocínio geográfico. Constituem, assim, instrumentos que nos fazem pensar e ver as coisas e os fenômenos de outra maneira, são quadros geográficos. Assim são esses sistemas gráficos que têm em comum os fundamentos da localização e da posição.

Descrevendo quadros
com Vidal de la Blache

Já muito idoso e quase cego, o sociólogo Norbert Elias (1897-1990) foi levado a um museu de Berlim e, diante do quadro *A peregrinação para Citera*, do pintor francês Watteau, de 1712, fez uma longa apresentação, depois transformada em um ensaio textual (Elias, 2005). Norbert Elias observou que, no começo do século XVIII, estava se operando uma forte mudança nas formas pictóricas de representação. Os elementos narrativos estavam ali na relação que a ilha de Citera tinha com o culto clássico de Afrodite, conhecida também como ilha do amor. A pintura figura os casais que partem para a ilha, mas, segundo Elias, a figuração espacial continha um universo polissêmico bastante complexo. Ele segue apontando detalhes pictóricos e suas possíveis significações. Haveria uma tensão nesse quadro que indica elementos sutis da passagem da arte aristocrática para a arte burguesa. Esse universo transicional dará lugar a interpretações muito distintas atribuídas a esse quadro ao longo do século XIX, ora enaltecendo-o, ora criticando-o. O procedimento descritivo de Elias diante do quadro de Watteau é conhecido como *Ekphrasis*, ou seja, a descrição viva e detalhada de um objeto, quadro ou escultura, tão bem realizado que a descrição resgataria todo o poder de significação da imagem.[61] Ter-se-ia assim uma perfeita correspondência entre texto e imagem.

O fundamento dessa história já é muito conhecido. A poesia seria uma pintura que fala, e a pintura, uma poesia muda. A correspondência entre as artes foi muito bem estabelecida na Antiguidade e tomada quase como um cânone no Renascimento. A fórmula tirada de uma estrofe de Horácio (65-8 a.C.) — *Ut pictura poesis* (a pintura como a poesia) —, tantas vezes repetida, traduz esse entendimento. A poesia seria descritiva, e a pintura, alegórica. A beleza de um texto apresenta relação direta com a capacidade de "pintar" com palavras, e a pintura deveria ser a imagem fiel de um texto. Essa forma de pensar foi fortemente contestada pelo alemão G. Lessing (1729-1781), em 1776, no livro denominado *Laocoonte ou as fronteiras da pintura e da poesia* (Lessing, 1998 [1776]). Lessing observa a expressão dos sentimentos do grupo escultórico que representa a luta de Laocoonte e seus dois filhos contra duas cobras enviadas como castigo pelos deuses. Ele compara a escultura com o relato dessa cena no poema *Eneida*, de Virgílio (70-19 a.C.). Advoga que essas expressões não são equivalentes, não têm a mesma recepção pelo público. Em suma, diz ele, as artes visuais são sincrônicas, trazem algo que é imediatamente visto sobre um espaço; a poesia é diacrônica, se apresenta sempre como um desenvolvimento durante um intervalo no tempo e se dirige aos ouvidos. Para Lessing, as artes visuais utilizam figuras e cores no espaço; a poesia utiliza sons articulados no tempo. Ver e narrar são atividades que não possuem as mesmas competências e, por isso, não são traduzíveis uma na outra.

---

[61] Em alemão, a expressão *Bildgedicht* (poema-imagem) tem a mesma definição da palavra grega.

Esse grande problema nem sempre foi visto da mesma forma na Geografia. Em muitos autores o problema é contornado ou tratado como se não existisse. Aqui estamos falando de expressão gráfica de um pensamento; então, não há como ignorá-lo. A pergunta de forma bem simples seria: Alguns tipos de textos são como imagens? Quais tipos e por quais instrumentos esse objetivo poderia ser atingido? Há uma forma de descrição dos lugares que se apresenta como uma pintura, como uma imagem? A sequência posterior de perguntas seria: A textualidade conseguiria preservar o raciocínio geográfico, aquele que tem como base a localização e a posição dentro de um sistema geral de referência? As descrições comporiam quadros geográficos?

Comecemos por um personagem clássico, Vidal de la Blache (1845-1918) e seu livro mais famoso, *Tableau de la Géographie de la France*, de 1903. O interesse se exprime já no título. Por que teria Vidal de la Blache escolhido a palavra *Tableau* (quadro)? No livro não há qualquer explicação para essa escolha. Nota-se desde as primeiras páginas, no entanto, que há farta utilização de palavras correlatas: moldura (*cadre*), enquadramento (*encadrement*) ou, ainda, desenho (*dessin*) e seus sinônimos. Nessa primeira edição de 1903 não há fotos, mas há 64 figuras. A maior parte são mapas, constituindo o resto perfis ou pequenos esquemas geológicos. Já na segunda edição, em 1908, surgem as fotos. Foi a primeira vez na Geografia francesa que se procedeu à introdução de uma importante iconografia fotográfica em um livro. A inserção das fotos e os comentários das legendas estão diretamente associados ao texto. Essas fotos para ele se destinam a dar "precisão", a "controlar" e a "complementar" o texto (Vidal de la Blache, 1908). Percebe-se que elas não são o material primário de reflexão, mas constituem uma espécie de visualização das "imagens" que já teriam sido criadas pelo texto.

Um traço marcante, ao longo de todo o texto, é o apelo à ideia de visão, seja nos verbos empregados (ver, enxergar, olhar, contemplar, assistir etc.), seja nos aspectos visuais incorporados à descrição, seja, enfim, pela evocação propriamente de imagens, formadas no espírito do leitor pela identificação de todos os elementos que a compõem. A concepção fundamental de Vidal de la Blache, como a dos estoicos, é conhecer a natureza pelo olhar, pela contemplação. Já dissemos que para os estoicos há uma forma de olhar responsável por gerar a compreensão daquilo essencial ao mundo, sua ordem, sua harmonia. Cada parcela ou fragmento deve ser visto apenas como um elemento do Todo. Esses fragmentos podem ter aparência imperfeita ou caótica, mas é preciso vê-los em conjunto.

Vidal de la Blache é bastante eloquente e, em uma mesma passagem, encontramos quase todos os elementos, característicos do estoicismo, anteriormente descritos: "A ordem dos seres, suas formas e suas relações, cores e partes externas, a hierarquia de suas características e a diferenciação visível que a exprime — tudo isso representa a ordem da natureza. E o sentimento de ordenamento que nos toma diante da contemplação do mundo [...] A Terra é algo de vivo" (Vidal de la Blache, 1921, p. 57).

Paul Vidal de la Blache é um autor muito estudado. Alguns traços de seu trabalho são bastante sublinhados, como seu gosto pelas viagens a campo, sempre acompanhado de cartas topográficas, de mapas cadastrais e de mapas geológicos. Para o ensino da Geografia ele considerava imperativa a tarefa de trabalhar com mapas. Na perspectiva dele, os problemas só apareceriam depois de um tratamento cartográfico dos dados (Claval, 1995, p. 80). Mapas, perfis e cortes são instrumentos utilizados em conjunto com o texto para a descrição. O problema é saber se essa descrição está ou não submetida a uma narração, ou seja, se ela está corrompida em sua base e não deixará aparecer outra coisa senão aquilo que já está "escrito" anteriormente a ela.

Essa foi uma crítica comum feita ao seu trabalho. Vidal de la Blache teria aceitado como um dado evidente as regiões francesas e, nesse caso, muitos críticos cogitaram que suas descrições nada mais seriam do que a busca de elementos singulares que justificassem a diferenciação dessas regiões. Daí a pecha normalmente atribuída a sua Geografia caracterizada como "descritiva". Pelo que previamente vimos, entretanto, no caso de ele ter seguido uma contextura regional preestabelecida, sua Geografia poderia ser, ao contrário, classificada mais apropriadamente como "narrativa".

Evidentemente, por tudo já discutido, não concordaríamos com essa denominação tão sumariamente apresentada de uma Geografia "descritiva". Antes, todavia, de nos lançarmos em uma discussão sobre o sentido da descrição em Geografia, talvez seja judicioso nos estendermos um pouco mais sobre esse trabalho de Vidal de la Blache.[62]

A leitura atenta do livro revela que pode haver um esquema comum seguido pela descrição. Em primeiro lugar, são apresentadas as formas mais gerais, os traços globais de cada grande região. Essas grandes unidades morfológicas são logo depois caracterizadas. É verdade que os elementos chamados a depor são bastante variados, com uma ligeira predominância da geomorfologia e do substrato geológico, mas em muitos casos será o clima, a posição em relação aos caminhos antigos, a topografia etc. Isso é muito bem representado na seguinte passagem: "Três exemplos ou, melhor, três tipos se apresentarão a nós: os Vosges

---

[62] As referências ao *Tableau de la Géographie de la France* daqui por diante dizem respeito à edição de 1994; quando utilizarmos outras edições, indicaremos. A tradução é nossa.

em primeiro lugar, depois a Lorena e, enfim, a Alsácia. Ainda que estreitamente aparentadas em suas origens, essas áreas, em virtude mesmo das leis físicas da sua evolução, não cessaram de acentuar suas individualidades próprias. Relevo, hidrografia, clima se desenvolveram no sentido de uma diversidade crescente" (Vidal de la Blache, 1994, p. 278).[63]

Pode-se, sem dúvida, contestar esse modelo que não contempla os mesmos elementos em todas as regiões e faz variar os critérios de diferenciação, o que dificulta a comparação. Isso, em parte, é verdade, mas não é fato absoluto que Vidal de la Blache não tivesse um modelo de descrição, como quiseram alguns dos comentadores que fizeram dele um exemplo do que não fazer em Geografia. Embora a discordância ao plano usado por Vidal de la Blache seja aceitável, pois apresenta uma série de problemas, é preciso compreender que a unidade global que o inspirava não era aquela dada por um mesmo critério aplicado a diferentes casos, mas, sim, o da variedade de casos que, como em um mosaico, formavam depois uma unidade — modelo, como dissemos antes, que parcialmente se aproximaria dos princípios propostos pelo estoicismo. Por isso, diz ele: "A palavra que caracteriza melhor a França é variedade" (Vidal de la Blache, 1994, p. 68). A imagem global da França é uma construção a partir da interação do homem com a natureza, em um trabalho coletivo que resulta na criação de identidades: nacional ou regional (Robic, 2000). A tarefa do geógrafo é construir uma descrição *raisonnée*: "O espírito é aí solicitado a refletir, mas é o espetáculo risonho ou imponente desses campos, desses montes e desses mares que é

---

[63] Utilizamos exemplos retirados de diferentes áreas e momentos da descrição regional do *Tableau* justamente para mostrar os comportamentos mais gerais que caracterizam a obra.

incessantemente trazido como a fonte das causas" (Vidal de la Blache, 1994, p. 16). Notemos o emprego desses pronomes demonstrativos, como se estivéssemos diante daquilo sobre o qual ele está falando (Gomes, 2000). Para isso também o geógrafo deve trabalhar a partir de uma compreensão produzida por imagens geográficas: "Ele [o nome França] se encarna em uma figura a qual os mapas nos habituaram" (Vidal de la Blache, 1994, p. 19).

Dissemos que talvez houvesse um esquema comum na descrição. Observamos também que ele parte da caracterização global de cada grande região, mas sempre valorizando a diversidade. Por isso, o passo seguinte adotado foi quase sempre o de discriminar as subdivisões aí existentes e suas delimitações: "Existem dois Midis no Midi: o do Mediterrâneo e o do Roussillon, do Baixo Languedoc" (Vidal de la Blache, 1994, p. 70), ou, ainda, "São dois mares diferentes, aquele que dos Países Baixos até a Finisterra cria brumas frequentes em nosso litoral e aquele que domina da Bretanha meridional até os Pireneus" (Vidal de la Blache, 1994, p. 77). Essa diferenciação é depois levada a outras escalas e a divisão binária é bastante utilizada, planície/montanha; orientação dos vales norte-sul, oeste-leste; encosta/vale etc. Esse é um expediente muito comum ao longo de todo o *Tableau*, a apresentação de uma área pela contraposição a uma outra vizinha que se apresenta diversa. Em muito raras ocasiões a ideia de unidade é chamada a testemunhar como um elemento central da descrição, embora de forma abstrata haja referências diretas às ideias de unidade ou de todo. Assim, chama a atenção que ele tenha escrito de forma tão peremptória: "A Champagne é uma das regiões geográficas melhor talhada, com a unidade reconhecida há muito tempo. De Reims até Sens, quase o mesmo solo e o mesmo aspecto" (Vidal de la Blache, 1994, p. 187). Logo em seguida, dirá que essa unidade não foi dominante por questões históricas, e, assim, um "dualismo prevaleceu".

Os limites entre as áreas são apresentados quase sempre em termos fisionômicos. Eles podem ser bem marcados: "as encostas do Artois separam Flandres da Bacia parisiense" (Vidal de la Blache, 1994, p. 131) ou, ainda, "A faixa jurássica marca a periferia da Bacia parisiense" (Vidal de la Blache, 1994, p. 134). Esses limites também podem ser apresentados como uma sutil transformação assinalada pela presença ou ausência de certos elementos: "basta que nos afastemos de Narbonne de uns cinquenta quilômetros para oeste para que a oliveira, essa companheira fiel do mediterrâneo, desapareça. Um pouco depois, cessam os tapetes de vinhedos que cobrem hoje as planícies: campos de trigo e de milho, mais pequenos bosques de carvalhos, compõem pouco a pouco uma paisagem com outra fisionomia" (Vidal de la Blache, 1994, p. 70). A descrição do contato entre diferentes unidades toma, muitas vezes, a forma de uma figura transicional. A área do Berry é, por exemplo, assim apresentada: "Em todos os lugares se multiplicam os sinais de transição. De qualquer lugar que se observa, tudo indica indecisão e mistura" (Vidal de la Blache, 1994, p. 236) ou, ainda, "a Ilha de França é a área mediadora em quase tudo" (Vidal de la Blache, 1994, p. 113).

Outro recurso discursivo bastante utilizado é a descrição que segue como um percurso. Tudo se passa como se houvesse uma progressão do olhar seguindo determinada rota: "Se seguirmos de Cambrai para Arras, a estrada que se estende em linha reta sobre o traçado de uma antiga via romana, vemos, pouco a pouco à esquerda, o relevo se acidentar cada vez mais" (Vidal de la Blache, 1994, p. 134).

Vidal de la Blache faz também variar os pontos de vista, de maneira que a imagem seja o resultado de uma prática do olhar, de um julgamento, de uma experiência; em suma, de uma construção por parte daquele que observa: "Do Norte, nós a tomaríamos como uma pequena colina, mas atrás dessa colina existem outras, separadas por uma trincheira do vale" (Vidal de la Blache, 1994, p. 135) ou, ainda, "Quando vindos do leste, aproximamo-nos de Nancy, novas formas atraem nosso olhar: na frente de uma cortina cujas linhas uniformes se prolongam para fora do alcance da vista, isoladas colinas, montanhas se projetam, como pilares separados de uma massa. O parentesco não pode escapar à atenção: em toda a área se repetem os mesmos padrões" (Vidal de la Blache, 1994, p. 205). No quadro que ele "desenha" pela descrição, a imagem não se dá ao olhar espontaneamente, como uma evidência. Em vez disso, a percepção visual tem de aprender a navegar no "labirinto das formas" (Vidal de la Blache, 1994, p. 10). Com esse "pensamento visual" (nas palavras de D. Laplace, 1998), impresso em sua escrita, Vidal de la Blache consegue transmitir uma imagem que vai além do que o olho do observador casual poderia gravar. Claramente, para ele, o quadro ajuda a desenvolver o chamado "espírito de síntese", que foi a linha mestra da Geografia como ele a concebia (Berdoulay, 2008). Os locais se apresentam como parcelas diferenciadas de um grande conjunto que vai sendo desenhado como uma imagem, a imagem da unidade francesa, e isso deve ser perceptível para o leitor.

A qualidade da redação de Vidal de la Blache tem muitas vezes sido celebrada por seus aspectos literários, sobretudo no exercício das descrições (Sion, 1934). Nem sempre, no entanto, essa qualidade foi apreciada de maneira positiva. Ela fez parte dos ingredientes evocados para a rejeição da Geografia clássica, sobretudo nas gerações subsequentes (Haggett e Chorley, 1967).

Estudos aprofundados (Mendibil, 1993, 1999, 2000, 2006) permitiram a identificação de um verdadeiro sistema iconográfico estabelecido pela Geografia francesa. Esse sistema teria duas principais tendências, esquematicamente relacionadas aos nomes de Emmanuel de Martonne (1873-1955) e ao de Jean Brunhes (1869-1930). O primeiro se associa a uma tradição cuja base é a coleta de dados, sendo frio e técnico, sem comentários elaborados. A fotografia tem aí um papel secundário, simples ilustração da morfologia da paisagem. É por isso significativo que Martonne progressivamente tenha substituído a foto pelo bloco diagrama, mais analítico e explicativo da estrutura e da gênese de paisagens. Já Jean Brunhes, segundo Mendibil, também fazia poucos comentários sobre a foto em si, mas a imagem deveria servir como uma espécie de prova objetiva (Robic, 1993; Mendibil, 1993). Cada imagem constituiria a ilustração de um fenômeno dentro do sistema explicativo da ocupação humana do solo, cada foto servia como identidade de um elemento dentro das tipologias criadas por ele.

Essa avaliação das imagens no trabalho de Jean Brunhes não nos parece inteiramente satisfatória. Ele era muito interessado em fotografia e em imagens como instrumentos de comunicação, mas também de reflexão. Quando descrevia o clichê de uma paisagem, dedicava-se a comentar as cores, as texturas e as formas. Introduziu nos livros didáticos que produziu grande quantidade de figuras, desenhos e fotos. Além disso, seus textos eram acompanhados de farto material gráfico que, olhados hoje, ainda surpreendem pela qualidade da comunicação visual. Foi por isso, sem dúvida, que o mecenas Albert Kahn (1869-1942) confiou a ele a direção científica do grande projeto denominado *Arquivos do Planeta*, o qual consistia em produzir, organizar e inventariar material audiovisual de todo o mundo. Ao mesmo tempo, Khan financiou a criação da primeira cátedra de Geografia Humana no Collège de France para Brunhes difundir suas pesquisas. Entre 1912 e 1927, Jean Brunhes viajou, recolheu e produziu uma grande quantidade de material, fotos e filmes, de diferentes regiões da Europa, do Oriente Médio, do Sudoeste da

Ásia e do Canadá. A terceira edição de sua obra mais famosa, *La Géographie Humaine*, tinha um volume inteiramente composto de figuras e fotos (Brunhes, 1934). Quatro grandes mapas-múndi encartados traziam informações gerais sobre as precipitações, os climas, a distribuição da população e a vegetação e, com mais 278 fotos, compunha o volume. Na apresentação, dizia ele que o volume com figuras "era um apelo à observação". Complementava que as imagens:

> à sua maneira, devem exaltar a atenção e fazer compreender melhor o incomparável espetáculo humano da superfície da nossa Terra [...]. Acreditamos que levando em conta a necessária diferença entre esses dois gêneros de exposições documentadas [os volumes de texto e o volume de figuras e fotos] consideraremos nosso aparelho de observação tão coerente quanto nosso livro mesmo. (Brunhes, 1934 [1910], p. 268)

Por fim, para Brunhes, o apelo à palavra *quadro* também aparecia com relativa frequência e, sobretudo, ocupava um papel muito claro de "fazer ver". Ele propunha, por exemplo, que todos os fatos geográficos que tivessem relação com a circulação deveriam construir "quadros de superfície" (*tableaux de surface*) para examinar os fenômenos "em relação".

Segundo Mendibil (2006), essas duas práticas diferentes no uso da iconografia na Geografia francesa se originam da ambiguidade com que a imagem teria sido abordada por Vidal de la Blache. A atribuída "ambiguidade" de Vidal de la Blache não seria, talvez, o resultado de uma compreensão de que a descrição textual se construía como imagens? Acreditava talvez que pelo discurso poderia operar recursos de uma compreensão imaginativa, ou seja, aquela que compreende por meio de imagens evocadas e construídas pelo texto que ajudam a transmitir ao leitor a densidade e a complexidade das paisagens. Esse pode ser o pequeno segredo do *Tableau de la Géographie de la France*.

Trata-se de imagens que são evocadas pela linguagem natural e fazem apelo justamente à imaginação do leitor ou ao seu conhecimento prévio. São imagens que não estão sujeitas ao olhar do leitor (Mendibil, 1999). No entanto, a existência de uma forte interação entre a imagem e texto não significa que eles sejam de natureza equivalente. Isso significaria que os métodos analíticos válidos para um deles seriam diretamente aplicáveis ao outro. Tentativas nesse sentido têm mostrado os seus limites (Berdoulay 1988a; 1988b).

De fato, as tendências à textualização das análises de imagens, sobretudo das paisagens, têm se afirmado com grande força na Geografia atual, sobretudo aquela que se faz tributária da influência de uma certa antropologia cultural. O antropólogo Cliford Geertz (1926-2006), por exemplo, indica a possibilidade de ver quase todas as práticas do mundo social como se fossem textos decifráveis.[64] De certa forma, isso faz eco à concepção de uma semiologia geral (Barthes, 1964). Foi especialmente na década de 1980 que tal abordagem atingiu o maior sucesso na Geografia (Duncan, 1990; Jackson, 1989). Não apenas a paisagem em particular, mas também a vida regional, os desenhos dos jardins e a organização do espaço em geral foram analisados como textos. No entanto, ficou claro que inúmeros aspectos escapavam dessa análise. Instaurar a interpretação de uma imagem como aquela praticada para os textos pode deixar escapar justamente aquilo

---

[64] Ver a esse respeito o grande debate que se seguiu à publicação do livro de Darnton, Robert. *O Grande Massacre dos Gatos*, inspirado em grande parte nas ideias de Geertz sobre a possibilidade de interpretar eventos sociais como textos.

que o aparelho gráfico nos faz ver e que é próprio aos procedimentos de análise feitos a partir de imagens.

Podemos, no entanto, analisar um texto e avaliar como ele eventualmente é capaz de construir imagens. Não apenas por descrever uma imagem, mas também por produzir imagem na mente do leitor. Essa parece ter sido a ideia da palavra *quadro* quando usada geograficamente em importantes e conhecidos textos da disciplina. Tal ideia coloca imediatamente o fato de que aquele texto se propõe a construir uma imagem, de que mantém a marca do dispositivo que é também gráfico.

Modos e instrumentos da descrição

A descrição: é chegada a hora de discutir um pouco mais sobre o que aqui está sendo pensado como descritivo. Já dissemos que não é a listagem exaustiva de tudo o que existe em um lugar, ou inventário desarticulado de tudo o que nos aparece. O escritor francês Georges Perec (1936-1982), em 1974, permaneceu por três dias sentado em um café parisiense na praça Saint-Sulpice, registrando tudo que se passava diante de seus olhos. O movimento das pessoas, suas roupas, os veículos, os pombos, as nuvens, a luminosidade, entre muitos outros elementos, tudo foi cuidadosamente anotado em um caderno, depois transformado em um livro intitulado *Tentativa de esgotar um lugar parisiense* (Perec, 1982). Duas principais reflexões podem ser feitas a partir disso. Primeiro, o livro nos apresenta aquilo a que habitualmente não prestamos atenção, revela que nosso cotidiano imediato é pleno de coisas sem importância, mas esse mesmo conjunto constitui o prazer da vida ordinária. Em segundo lugar, ele nos demonstra, com eficiência, a gratuidade do inventário exaustivo e enfaticamente nos leva a entender que a observação e, portanto, a descrição procedem sempre a escolhas em meio a um mundo cheio de possibilidades.

Então, como primeira distinção, diríamos que a descrição da qual falamos é organizada segundo critérios. A descrição geográfica segue uma ordem espacial, do que ali se encontra, não de tudo que ali está, mas somente de algumas variáveis previamente escolhidas. Tal qual em uma tabela, as colunas das variáveis que comparamos são escolhas, os valores que assumem nas diferentes posições das colunas são o material que pode nos surpreender. Reconheçamos, no entanto, que, diversamente de uma tabela, a descrição textual valoriza aspectos qualitativos, ou seja, como aquela variável se apresenta, não exatamente atribuindo um valor dentro de uma escala quantitativa, como é o comum nas tabelas. Alguns geógrafos apresentaram argumentos para demonstrar a particularidade do estatuto da descrição no trabalho geográfico e sua importância (Darby, 1962; Sion, 1934). Quando o fizeram, no entanto, atribuíram o papel descritivo quase exclusivamente aos procedimentos textuais. Em verdade, são comumente excluídos desses comentários as figuras, as tabelas, os gráficos, os mapas e todos os outros instrumentos que, fazendo parte do aparelho gráfico, não estão por essa razão excluídos da tarefa de descrever, mas ao contrário.

Por tudo aquilo que já dissemos, não poderíamos confinar a descrição aos exclusivos procedimentos textuais. Todos os instrumentos gráficos que apresentam uma área, ou o comportamento de variáveis sobre ela, são operacionalizadores de descrições. Queremos insistir mais uma vez no fato de que, se esses instrumentos descrevem seguindo uma grade espacial, ou seja, se há na base da descrição a localização e a situação, então podemos concluir que se trata de uma descrição geográfica. Outra discussão completamente diferente é aquela que procuraria estabelecer a melhor forma de trazer essas informações georreferenciadas — quantitativa ou qualitativa, com lógicas propositivas, como em um texto, ou com lógicas imaginativas, como nas imagens. Nosso objetivo no momento não é propriamente discutir o estatuto ou fazer um julgamento do valor dos instrumentos utilizados para a descrição no trabalho geográfico. Queremos apenas indicar que os procedimentos descritivos em Geografia, pela ordem que seguem, pelas matérias que recobrem, pelos recursos de evocação imagética que utilizam, muitas vezes, desenham quadros. Dessa maneira, construir quadros pode se referir a uma descrição gráfica de um ponto de vista, feita por escrito ou não (Gomes, 2013). Em ambos os casos, entretanto, lidamos com imagens que correspondem a formas de visualização dos fenômenos.[65] É a partir dessas imagens que se constrói o conhecimento.

A descrição de uma área pode corresponder à de uma pintura, localizando elementos, traduzindo em palavras suas formas, seus relativos tamanhos, suas posições. Por isso, o vocabulário da Geografia clássica que tantas vezes utilizou o verbo *pintar* como sinônimo de descrever nos parece como adequada. Isso não significa que a descrição substitua perfeitamente a imagem, que tenha a mesma força, o mesmo desempenho, as mesmas propriedades. A linguagem visual, gráfica, tem seu próprio universo de significações, e suas potencialidades são diferentes. Essa discussão também, embora necessária aos geógrafos, não encontra lugar nesse projeto de demonstração traçado aqui.

Para haver clareza nas delimitações do que estamos discutindo, queremos dizer que há formas de descrição textual utilizadas pela Geografia, as quais procuram criar imagens ou, melhor, "desenham" quadros. Não queremos debater se isso é bem feito ou não, se é o melhor meio ou se haveria outras

---

[65] Utilizar elementos gráficos para a descrição é uma prática corrente em muitas áreas científicas, especialmente naquelas que organizam a descrição de forma sistemática como a antropologia. Na obra de diversos autores, o recurso ao grafismo e à espacialização das informações é muito comum. Os exemplos podem ser encontrados em Lévi-Straus, Bourdieu, Mauss, entre muitos outros. Todos criaram notações estruturadas pelas posições, como grafos, as quais nos fazem ver coisas que, arrumadas de outra maneira, não nos apareceriam.

modalidades mais adequadas. Queremos apenas dizer que, quando isso acontece, podemos perceber na leitura a produção de quadros, elementos reunidos em uma localização, os quais estão em composição, ou seja, produzem um jogo de posições relativas que gera significação. Por isso já dissemos que os projetos de Geografia de Estrabão e de Ptolomeu eram semelhantes, naquilo que foi visto como distintivo e dicotômico entre uma Geografia matemática e uma Geografia descritiva e regional. Vistos sob o ângulo proposto, de criar quadros de análise, esses dois procedimentos, embora guardem suas especificidades dada a sua natureza diversa, encontram similaridade, pois criam um resultado em tudo semelhante, um quadro de análise no qual o jogo de posições é o elemento central. Mais uma vez, chamaremos esse jogo de *quadros geográficos* e ousamos afirmar que isso é propriamente uma forma original de pensar.

Na Geografia, esse assunto aparece sempre envolvido em uma bruma de confusão bastante problemática. O textual tende a ser visto como puramente descritivo, e o quantitativo, como necessariamente analítico. O imagético se aproximaria mais do analítico na medida em que se apresenta mais icônico e o registro mais direto (fotografias, filmes etc.) perigosamente atraído pelo descritivo. Em muitos aspectos, identificar as linhas essenciais que estruturam uma paisagem é um procedimento semelhante a uma modelagem tal qual foi largamente praticada a partir dos anos 1950 pela Geografia. São tipologias exemplares, o que leva ao uso de imagens que não guardam mais um compromisso de semelhança absoluta com um referente. O exercício da tipologia, ao tomar um caráter cada vez mais abstrato, termina por dar nascimento a formas modelares que pretendem reconhecer estruturas para além das aparências particulares dos fenômenos. As imagens dos esquemas dos modelos cumprem, entretanto, o mesmo papel descritivo das velhas tipologias. A imagem é a figuração de uma compreensão, transposição gráfica sem qualquer atributo próprio.

Tudo isso precisa ser bem revisto. Primeiro, temos de reconhecer que a qualidade da descrição não está completamente encerrada no instrumento que a opera. Em outros termos, fotografias, mapas, gráficos e tabelas podem funcionar de forma bastante diversa no trabalho geográfico, dependendo da maneira que trabalhamos com eles, ou seja, tomando-os ou não como instrumentos para pensar. Evidentemente, cada instrumento apresenta uma gama de vantagens e uma faixa de limitações. Cabe à nossa escolha justificar seu uso.

O segundo ponto é o mais importante. Esses instrumentos de apresentação serão mais ou menos abertos de acordo com a proposta que os enquadra. Conforme comentado, há apresentações que funcionam como meras ilustrações de propósitos que já foram estabelecidos antes e alhures. São apresentações completamente contaminadas por um sentido que já está dado. Os instrumentos descritivos funcionam nesse sistema como peças de convicção. Se esse sentido já está contido e aprisiona o instrumento, então não há propriamente uma descrição, mas uma declaração.

Retornando à distinção entre sistemas de pensar lógicos e físicos, os primeiros, embora muito potentes, têm certa fragilidade, pois, uma vez estabelecidos, podem constituir o filtro e os óculos pelos quais toda observação é orientada (Popper, 1998). Nesse caso, o que se descreve é a lógica, e todo material imagético ou gráfico é apenas demonstrativo. Nos assim chamados sistemas físicos, essa tendência também existe, mas a observação pode sempre resistir à narração preexistente e tentar reconstruir relações de outra maneira. Os sistemas físicos espaciais podem ser resistentes aos assaltos da narrativa preestabelecida em grande parte pelo fato de a localização reunir coisas muito diversas, criar proximidades e distâncias, e isso não é inteiramente controlado por aqueles que os expõem.

As descrições nesse caso correspondem a apresentações. Relações são estabelecidas, vínculos são sugeridos, aspectos são aproximados. Evidentemente ninguém acreditaria que as descrições pudessem seguir caminhos espontâneos e "naturais" e que elas não sejam em grande parte guiadas e dirigidas por aqueles que as fazem. Selecionamos variáveis, escolhemos intervalos, observamos apenas algumas fácies, mas em algum momento somos obrigados a restituir esses elementos ao conjunto dentro do qual aparecem. Novas relações que, por comodidade, por tendenciosidade ou por inadvertência, não consideramos podem ser, então, supostas. A irredutível dimensão física e locacional não se dissolve inteiramente nas escolhas feitas.

Isso não é de forma alguma uma garantia, basta observar o desenvolvimento da Geografia para constatar o quanto temos nos deixado seduzir por esquemas explicativos que não possuem qualquer sensibilidade com a descrição na forma como ela é apresentada aqui.

Em resumo, descrições são úteis instrumentos para pensar quando criam quadros nos quais os elementos observados são organizados de forma sistemática. Mapas, gráficos, tabelas, perfis, diagramas etc. são nesse sentido descritivos. Isso é um argumento definitivo contra o lugar-comum de conceber as descrições como exclusivamente veiculadas por textos. Vimos, por outro lado, que os textos podem conter algum tipo de "grafismo", ou seja, de sistematização das informações, pela qual se "desenharão" quadros, os quais serão geográficos na medida em que conseguirem guardar a preocupação fundamental da localização e da situação como elementos de base. As qualidades atribuídas aos dados observáveis serão relacionáveis à grade geográfica, e todas as possibilidades de conectividade ficam assim resguardadas.

Se há ou não efetividade nesse procedimento de textualização, cabe examinar melhor em que circunstâncias são usados seus resultados, mas essa discussão não é aqui oportuna. O que queremos chamar a atenção é para a distinção de procedimentos descritivos. Há os que trabalham dentro de narrativas preestabelecidas, fundadas em um conjunto de proposições teóricas, e há os procedimentos descritivos comprometidos com um conjunto fisicamente constituído. Esses dois tipos de procedimento se inscrevem respectivamente naquilo que aqui foi chamado de sistemas lógicos e físicos. Descrições que são ilustrações de um raciocínio são declarações, descrições que são sistemáticas, não anedóticas, que têm compromisso com a observação rigorosa, podem ser usadas para nos fazer pensar a partir de novas conectividades. E nesse último caso estamos nos referindo aos quadros geográficos.

Um pequeno relato contém todos os ingredientes dessa trama. Em 1953, o geógrafo francês Pierre Deffontaines (1894-1978) escreveu um artigo no qual descreve em detalhes o sistema de "rangs" (fileiras) no Canadá francês.[66] Esse sistema tem origem no século XVII, em um tipo de parcelamento geométrico da terra no qual retângulos de aproximadamente 200 por 2 mil metros de terreno eram concedidos aos colonos. Na origem, a testada dos lotes era sempre voltada para a margem dos rios, principais meios de circulação na área. Depois, surgem os lotes dos "segundos rangs" que têm outras dimensões e estão voltados para uma estrada ou caminho. O desenho global, no entanto, é mantido. Do mesmo modo, todos os povoados dessa área se assemelhavam,

---

[66] Ele escreveu outros artigos sobre esse tema e proferiu inúmeras palestras. De fato, desde a década de 1940 até os anos 1970, Deffontaines não cessou de apresentar esse assunto. Para mais informações sobre Deffontaines consultar Huerta (2016).

pois tinham origem na sucessão de casas construídas ao longo das testadas e terminavam por formar pequenas aldeias com casas dispostas ao longo de um eixo. Até hoje, fotos aéreas ou imagens de satélite dessa área revelam com nitidez a geometria dos campos e das cidades.

Pierre Deffontaines tinha um grande talento para desenhar. Suas cadernetas de campo entremeavam notas com muitos minuciosos desenhos. Dizem que ele se interessou imediatamente pelo sistema de rangs desde que chegou ao Canadá; e não foi o primeiro. Outro conhecido geógrafo francês, Raoul Blanchard, já o havia rapidamente descrito antes. O pioneirismo de Deffontaines foi o de "ver" nesse sistema as bases para a compreensão do país: "No Canadá francês, sobre o mapa ou sobre o terreno, domina o rang" (Deffontaines, 1953). O "desenho" dos rangs se aplicava à nomenclatura: duplo rang, simples rang, rang da Igreja, caminho do rang, grande rang, pessoas e coisas "do fundo do rang" (pejorativo) etc. Aplicava-se aos sistemas de exploração das terras (florestal e agrícola) e, mais importante ainda, aplicava-se aos habitantes, aos princípios sociais de vizinhança, às normas de hierarquia social; enfim, ao "desenho" social de todo aquele tipo de povoamento. Nas palavras do próprio Deffontaines, o rang constitui "a unidade social primordial [...] a armadura do Canadá francês" (Deffontaines, *apud* Huerta, 2016, p. 223). Conta-se que Pierre Deffontaine tinha um caderno cheio de desenhos e notas sobre o sistema de rangs e que o consultava e o mostrava em suas aulas e palestras (Hamelin *et al.*, 1986). De certa forma, poderíamos dizer que foi o exercício de abstração de elevar a visão sobre o terreno e a partir daí de observar o "grafismo" da paisagem que permitiu a Deffontaines ver e descrever em conjunto todos esses elementos que agiam na formatação do espaço e da sociedade do Canadá francês.

As apresentações espaciais gráficas, a figuração de composições de coisas sobre o espaço, produzem "quadros", cenas vívidas da natureza, de um país, de uma região, de uma área ou de um espaço urbano. Daí, portanto, talvez advenha a simpatia dessa expressão — quadros — na Geografia. A palavra é tanto utilizada no sentido de uma descrição gráfica como de um ponto de vista por meio do qual se obtém um panorama, uma vista. Como vimos antes, desde os Gregos estoicos que se tinha esse apreço por um ponto de vista aéreo, "Kataskopos", o qual permitiria "visualizar" áreas e vê-las sob variados ângulos (Jacob, 1991). Para ver certas coisas é preciso criar condições espaciais de afastamento dela. A forma geográfica de pensar por meio de quadros nos permite isso, o que consiste também em um exercício.

Imagem, imaginários: quadros para a imaginação geográfica

> *"Toda união (conjunctio) ou é uma composição (compositio), ou uma conexão (nexus)".* Kant, Crítica da razão pura.

Em meados do século passado, um proeminente matemático francês, Jacques Hadamard (1865-1963), se interessou em saber como procediam os cientistas das áreas das ciências físico-matemáticas para pensar e produzir descobertas. Depois de ter conversado e questionado alguns dos grandes nomes da época, inclusive Einstein (1879-1955), ele apresentou como principal resultado o fato de a maioria deles ter declarado que pensa a partir de estruturas visuais (Hadamard, 1996 [1945]). Grande parte também declarou que as imagens utilizadas eram de natureza geométrica.[67] Isso confirma, de certa forma, os sentidos e a relação entre duas palavras muito próximas: imagem e imaginação. Confirma também a tese sustentada aqui de que os "quadros" na Geografia são "desenhados" para podermos pensar e descobrir coisas novas, e não apenas para ilustrar ideias conhecidas.

---

[67] A resposta de Einstein a uma das questões sublinha a dificuldade de, depois da visualização, passar as ideias para a forma de texto. Há, segundo ele, forte tensão nessa transposição das imagens para a escolha das palavras e denominações.

Um exame cuidadoso da produção bibliográfica da Geografia permite perceber alguma atenção dispensada à discussão sobre as imagens em anos recentes. Uma parcela significativa dessa produção, todavia, continua a se perguntar sobre a possibilidade de encontrar nas imagens um conteúdo geográfico, interpelando diretamente pinturas, desenhos, fotografias, filmes, mapas, cartogramas, gráficos etc., para discutir o poder de tais instrumentos em comunicar certos conteúdos "geográficos". Não é exagerado dizer que esse tipo de concepção vem sendo o predominante e tem, em grande parte, parasitado a investigação sobre as imagens na Geografia. Felizmente, também apareceram outros trabalhos que convidam a discutir o estatuto epistemológico das imagens nos específicos processos de desenvolvimento do raciocínio geográfico (Berdoulay; Saule-Sorbé, 1998; Berdoulay; Gomes, 2010; Berdoulay; Gomes; Maudet, 2016; Godlewska, 1999; Cosgrove, 2001, 2005, 2008; Rose, 2003, 2006; Driver, 2003; Ryan, 2003; Thornes, 2004; Gomes, 2007, 2008a, 2008b, 2009, 2010a, 2013; Gomes; Ribeiro, 2013; Olsson, 2007; Daniels *et alii*, 2011; Brotton, 2014). No limite, esses últimos podem ser reunidos pela questão: Como é possível raciocinar pelas imagens ou com elas ou, pelo menos, compreender a partir delas?

Essa forma de discutir o tema das imagens é também aquela que nos interessa aqui, pois procura saber como as imagens participam diretamente na construção do pensamento geográfico, como podem ser instrumentos de descoberta. Ela é movida pela aspiração de saber de que modo imagens participam ou são constituintes no processo de construção do pensamento geográfico.[68]

---

[68] Uma Geografia interpretativa também ganhou grande importância ao mostrar como a sensibilidade e a percepção atuam na formação e na recepção de imagens e em como elas contam na avaliação de paisagens e lugares (Lowenthal, 1961; Tuan, 1989; Pitte, 2010). Esse, no entanto, não é foco de discussão trazido em nossa linha principal de discussão.

Podemos talvez dizer que a imagem é aquilo que nos faz ver, que torna visível determinadas coisas (Mondzain, 2003). Em suma, imagens são o resultado de escolhas e de critérios que reúnem condições para tornar visíveis determinadas coisas. No ato de ver, há escolhas, há critérios, há condições (Gomes, 2013). O registro imagético é a condição de distanciamento que nos permite ver aquilo que nos passaria despercebido pela condição de imersão em que estamos situados na relação com aquele fenômeno. Cosgrove, de forma muito inspirada, denominou essa qualidade de "olhos de Apolo". Um olhar "desapaixonado" sobre as contingências da vida cotidiana que se posiciona para observar o movimento do mundo e desenvolve técnicas de observação que autopsia, pesquisa e mapeia (Cosgrove, 2001). É nesse sentido e somente nesse que há interesse em trabalhar geograficamente com filmes e pinturas, por exemplo. Assim, a imagem faz com que algo, que de outra forma não seria nem mesmo percebido, se torne visível.

Trata-se de uma terceira via, diferente dos propósitos de R. Arnheim (1904-2007) de que "ver é compreender" (Arnheim, 2005 [1980]) e de E. Gombrich (1909-2001) de que "só vemos o que compreendemos" (Gombrich, 1986 [1956]). A força das imagens está na distância que conseguimos obter por meio delas, no potencial de reflexividade que elas nos oferecem. Para isso é preciso aprender a ver.

O conceito de paisagem pode nos ser um exemplo útil para melhor compreender isso. Hoje essa ideia nos parece bastante trivial, está difundida em muitos campos, tem sua tradução garantida em muitos idiomas e se difunde sobre inúmeros suportes, desde os descansos de tela dos computadores até os grandes artefatos, construídos para gerar pontos de vista paisagísticos. Segundo alguns autores, no entanto, nem a palavra e tampouco o conceito sequer existiam no Ocidente até o final da Idade Média (Schmithüsen, 1973; Berque, 1995). Ao que parece, a designação de paisagem foi dada pela primeira vez a uma pintura (uma tela), mas logo depois o que essa palavra e essa tela nos faziam ver era um recorte, um fragmento do ambiente natural transformado pelo trabalho humano — um quadro.

Isso significa que, em um determinado lugar e momento da história, o resultado da ação de reconfigurar a natureza a partir dos instrumentos disponibilizados pela cultura passou a ser estimado com muita admiração, a tal ponto que se tornou um objeto estético, tema de pinturas. Esse recorte, fragmento de um ambiente, fixado sobre um suporte, além de um objeto estético, é um instrumento pedagógico. A ideia de paisagem nos ensina a olhar de outra forma, nos ensina a ver coisas, conteúdos, valores, onde parecia antes nada haver de admirável. Desde então, parece que aprendemos a apreciar e que incorporamos, de modo quase natural na vida cotidiana, os valores, os conteúdos contidos nesses fragmentos expostos ao olhar.

Por todas essas características dos procedimentos que nos ensinam novas formas de ver, a produção e o uso das imagens e dos quadros geográficos têm atraído bastante a atenção de muitos geógrafos preocupados com o ensino de sua disciplina. A ideia de trazer pela imagem a ordem do Cosmos à contemplação dos alunos aparece como um dos primeiros passos nas recomendações pedagógicas para a educação geográfica (Besse, 2003a). Por isso, muitos foram aqueles que propuseram o uso de determinados tipos de imagens para produzir novos significados (Lefort, 1998). Isso corresponde de algum modo a convocar a imaginação dos alunos e do público em geral a partir de imagens para ensinar a Geografia (Angotti-Salgueiro, 2005). Em sentido paralelo, Jean Gottmann (1915-1994) observou também que novos territórios pretendidos por uma comunidade dependiam necessariamente de uma nova iconografia para que se construísse uma identidade: monumentos, bandeiras, fronteiras (Gottmann, 1952).

Para o filósofo A. Philonenko (1932-), o valor de toda essa "imagerie" é substituir os conceitos e trabalhar com um desenho que tem significação intelectual, um esquema de sentido inteligível. Foi a isso que ele deu o nome de "geografismo" de Kant. Haveria uma continuidade mais do que simplesmente metafórica entre a orientação no espaço e a orientação do pensamento (Kant [1786], 1993). Por isso, a Geografia pode assegurar o progresso da educação infantil, garantindo a "fixação" da imaginação, especialmente pelo uso de mapas. A esse respeito disse Kant:

> Os mapas geográficos possuem algo que encanta todas as crianças, mesmo as menores. Quando estão cansados de todos os estudos, eles aprendem ainda alguma coisa quando se usam mapas. Isso é uma boa distração para as crianças, na qual a imaginação não pode sonhar, mas deve por assim dizer se fixar em uma certa figura. Deveríamos realmente fazer com que as crianças começassem pela geografia. Poder-se-ia ao mesmo tempo acrescentar figuras de animais e de plantas. Isso faria com que a geografia ficasse mais viva. A história só deveria vir mais tarde. (Kant [1803], 2000, p. 158.)

Na França, por exemplo, a Comissão de Ensino da Geografia, formada logo após a guerra franco-prussiana, tinha como tarefa preparar o programa escolar da disciplina. Um dos elementos recomendados para sensibilizar desde cedo os alunos para a Geografia eram as chamadas "caminhadas topográficas", mas logo depois ficou evidente que se necessitava de outro tipo de material pedagógico mais apropriado (Andrew, 1986). Foi nesse sentido que Vidal de la Blache desenvolveu, junto com o editor Armand

Colin, um grande projeto de produção de mapas-murais.[69] O sucesso foi imediato e as escolas passaram a ter como material básico um conjunto de mapas sobre variados temas da França e do resto do mundo que eram fixados sobre as paredes das salas de aula. Mediam mais de um metro quadrado e eram acompanhados por um livro-guia, com perguntas-respostas e atividades sugeridas ao professor. Esses mapas-murais se mantiveram como material pedagógico essencial nas escolas francesas por um longo período, ou seja, de 1880 até 1969.

Talvez justamente em reação a esse sucesso, Elisée Reclus (1830-1905) tenha se manifestado bastante reticente em relação ao uso de mapas no ensino da Geografia (Reclus, 1903). Para ele, o professor deveria antes sair da sala e explorar aquilo que se encontra em condição de ser objeto da observação direta dos alunos. Mapas criam uma visão confusa pelas diferentes projeções e escalas em que se apresentam, desfiguram as formas das massas continentais, o contorno e o tamanho dos países. Dizia Reclus:

> A esse respeito, o professor deve ser de uma intransigência absoluta. Será para ele realmente impossível de se servir de mapas sem trair a causa mesmo do ensino que lhe foi confiado. (Reclus, 1903, p. 9)

De que maneira, no entanto, poderia o professor fazer "ver" ao aluno a "unidade terrestre", como o disse Vidal de la Blache, ou o "princípio de conexão", como expressou seu discípulo Jean

---

[69] Nunca é demais lembrar que as primeiras grandes inspirações do raciocínio geográfico em Vidal de la Blache, originariamente um historiador, parecem ter surgido pela observação dos mapas de densidade de população trabalhados por É. Levasseur, membro da Comissão de Ensino Escolar da III República Francesa (Claval; Nardy, 1968).

Brunhes? (Vidal de la Blache, 1896; Brunhes, 1910). Por meio de que material pedagógico essas preocupações centrais na tarefa de ensinar a Geografia poderiam ser asseguradas? A resposta de Reclus eram os grandes globos terrestres: "É pela visão direta do globo, redução proporcional exata da Terra que deve ser a primeira educação de um jovem" (Reclus, 1903, p. 10).[70]

Provavelmente, Reclus exprimia em sua relutância ao uso dos mapas uma compreensão próxima daquela de Karl Ritter (1779-1859), com quem havia estudado em Berlim (Ferretti, 2007). O argumento de que as projeções e escalas desfiguravam as formas dos continentes e dos países faz eco, sem dúvida, à compreensão de Ritter sobre as formas físicas desenvolvidas na introdução de sua Geografia Geral (Ritter, 1837). Ele acreditava que a essência dos lugares e suas propriedades só poderiam ser conhecidas pela interpretação dos códigos, aritméticos e geométricos, que clandestinamente se escondiam e nos enganavam por meio de falsas aparências (Gomes, 1996). Segundo parece, Ritter teria sido o primeiro a associar a França a um formato hexagonal e a proceder a uma análise a partir de analogias de cunho geométrico. Alguns anos depois, Reclus teria, nesse mesmo sentido, sugerido que o formato mais adequado à França seria o de um octógono (Robic, 1991).

---

[70] Patrick Geddes (1854-1932), amigo próximo de Reclus, também mostrou grande interesse na inovação da educação geográfica. Comprou uma velha torre em Edimburgo, a *Outlook Tower*, e organizou uma exposição, ao longo das escadas, de painéis com temas geográficos e, segundo os andares, em diferentes escalas, da Escócia ao Mundo. No topo da escada havia o acesso ao terraço da torre, e o público poderia então, depois de fazer o percurso temático, gozar da vista em 360° sobre a cidade do alto da torre. Geddes sustentava que a educação do público em geral sobre esses temas era necessária e pensava que a execução desse percurso era um meio bastante eficiente para isso. Mais detalhes podem ser encontrados, por exemplo, em Dunbar (1974).

Entretanto, não só por esse tipo de alegação algumas imagens foram, desde o nascimento da ciência geográfica moderna, colocadas sob suspeita. Camille Vallaux (1870-1945), por exemplo, sem comungar dos mesmos preceitos de Ritter ou de Reclus, não hesitou em também criticar o uso de imagens, sobretudo as fotográficas, como um instrumento válido para chegar a uma explicação (Vallaux, 1924). A relutância dos geógrafos em relação às imagens, a recorrente tendência a vê-las como distorção é assim um traço bastante comum no desenvolvimento da Geografia moderna. Até mesmo os mapas, comumente valorizados na Geografia, foram acusados de produzirem efeitos nefastos que se esconderiam por trás da aparente singeleza gráfica (Kish, 1980; Bressolier-Bousquet, 1995; Harley, 2001; Gruzinski, 2006; Farinelli, 2009).

Resta, portanto, a questão: O que designa afinal a palavra *representação* imagética, o recorte fixado sobre um suporte ou o produto de uma abstração? Essa dúvida tem sido outra danosa e resistente marca nos debates feitos na Geografia sobre o estatuto das representações e suas aproximações com uma suposta "realidade" (Costa, 2003).

Então, uma das mais importantes demarcações que nos interessa fazer é a distinção da análise que é pretendida aqui em relação a esse ponto de vista da representação da realidade. Quando falamos em imagens, em quadros, estamos falando de algo que é fruto de escolhas, do arbítrio daquele que os constrói. As escalas de representação não pertencem ao fenômeno como pretendem alguns (Lacoste, 1976). Elas pertencem inteiramente à decisão daquele que o está representando. Da mesma forma, os elementos que figuram em um quadro, em um mapa, não são elementos necessariamente impostos pela ordem de tamanho que têm, mas, sim, voluntariamente colocados em associação para fins de algum tipo de demonstração ou análise. Em termos muito simples, isso nos impede de tratar um mapa, e também uma pintura, um romance, ou mesmo uma foto, como um documento que representaria a realidade de um lugar ou de uma época. Essas imagens são elementos de significação e devem ser analisadas enquanto tal. A pergunta fundamental assim é: O que aquela imagem nos faz ver?

O título do romance do escritor francês Michel Houellebecq (1956-), *La carte et le territoire* (O mapa e o território), foi na verdade inspirado por um artigo aparecido em 1933, "A non-aristotelian system and its necessity for rigour in mathematics and physics" (Um sistema não aristotélico necessário para o rigor em matemática e em física), de Alfred Korzybsky (1879-1950). Nele, a tese fundamental é que uma boa carta tem que manter, em relação ao território que representa, as mesmas características lógicas. A similaridade não é uma aparência, mas, sim, uma relação de coerência. Por isso o julgamento de um mapa não pode ser feito levando em conta o critério da correspondência dos elementos que aí figuram, o que deve ser resguardado é a estrutura, "expressa em termos de relações" (Korzybsky, 1994 [1933]). Essa estrutura, visível no mapa ou, podemos acrescentar, em qualquer quadro geográfico, corresponde a uma sugestão de compreensão daquilo que está sendo apresentado.

Desse ponto de vista, o que vale julgar não é a pretensa "realidade" representada pela imagem ou, ainda como é costume, não parece válido o julgamento sobre a distância ou proximidade da representação em relação àquilo que ela coloca em cena. Não há segredo algum no fato de que as imagens se desviam deliberadamente daquilo que pode ser visto espontaneamente (Raffestin, 1989; Denègre; Salge, 2004). Esse desvio pode ser interpretado de muitas formas, até mesmo, como é corriqueiro se fazer, emprestando uma intenção deliberada de esconder o essencial. O que, no entanto, poderia ser analisado com mais utilidade é a coerência interna da representação. Assim, poderíamos dizer que, no bom uso da imagem, mais do que uma representação, ela poderia ser concebida como uma apresentação de coisas e fenômenos evocados por aqueles que produzem a imagem e oferecidos ao julgamento e à análise daqueles que a examinam.

Assim, ainda que rápido e certamente incompleto, o percurso realizado aqui nos permite afirmar que a imaginação geográfica parece ser provocada pelo uso inteligente das imagens, aquilo que chamamos de "quadro geográfico". Esses quadros são sistemas de informações geográficas que se apresentam sob variadas formas gráficas, e no limite até sob a forma de texto. A partir de uma base locacional dos dados, são criadas condições de "visualização" da posição, da forma e do tamanho dos fenômenos estudados. A possível conectividade entre eles é dada pela localização. Essas lógicas locacionais estão também relacionadas com a capacidade de imaginação, ou seja, embora de forma diferente, há um forte potencial para imagens textuais ou visuais produzirem novas imagens.

A esse conjunto de imagens convocado pela imaginação que pensa geograficamente poderíamos dar o nome de imaginários geográficos. Um gráfico que apresente dados referentes, por exemplo, às capitais brasileiras gera de imediato duas leituras. A primeira é diretamente relacionada ao próprio gráfico, ou seja, à posição de cada capital dentro daquele sistema que classifica essas capitais por meio da grandeza escolhida como eixo de diferenciação. Em paralelo, serão imediatamente evocadas outras imagens, com outras posições dessas capitais, seja a localização delas dentro do território brasileiro, o reagrupamento delas por macrorregiões, o grau de desenvolvimento associado a cada uma delas, a posição delas dentro da hierarquia urbana etc. Esse conjunto de imagens possibilita inúmeras leituras, conexões, análises. O imaginário espacial é como um álbum de imagens, um atlas de informações geográficas.

Às vezes, o imaginário é tratado como algo inexistente, que é irreal e abstrato; até o utilizamos no sentido de fantasioso ou ideológico, essa última denominação dentro da comum acepção de "falsa consciência". Para outros, o imaginário tem como fonte tudo aquilo que não é fruto da esfera da racionalidade, sendo definido por fluxos emocionais (Durand, 1993). Não são absolutamente essas as concepções aqui invocadas quando falamos de imaginário.

O imaginário é aqui tomado como uma composição complexa de imagens de coisas. Quando essa composição diz respeito a objetos espaciais, estamos diante de um imaginário espacial. Não se trata de imagens-tipo ou de distorções voluntariamente produzidas para esconder algo ou manipular pessoas. Um imaginário constitui um conjunto articulado de inúmeras cenas, de relações e fluxos, no qual a sucessão de imagens produz sentidos diversos e arranjos de significação intercambiáveis. No imaginário espacial, a unidade fundamental é a dos sistemas de lugares.

Esse imaginário espacial, como uma coleção variada de imagens, permite que mobilizemos algumas delas e as conectemos, nós as relacionamos com outras disposições e refletimos a partir desse conjunto. O *Atlas* foi talvez o primeiro grande modelo disso, mas também o eram os mapas que acrescentavam diferentes imagens justapostas no mesmo plano e indicavam elementos que poderiam ser ali considerados. Imaginação é a capacidade de refletir a partir de imagens; os quadros geográficos, quando compreendidos como instrumentos para pensar, são elementos-chave na possibilidade de gerar imaginação geográfica.

A Geografia é reconhecidamente uma disciplina visual, e sua história se apresenta assim como um grande e valioso campo de reflexão. Que fique claro, então, que o material reunido aqui não reclama o estatuto de História da Geografia. De fato, o conteúdo básico para a análise é obtido na história disciplinar, mas não se retira da sucessão dos fatos a força dos argumentos. Movido talvez por essa intenção inconsciente, o percurso que se oferece na leitura não segue uma rígida cronologia. Da mesma maneira, não se procurou continuidade global na duração da Geografia e nem foram convocados autores e obras que fariam que se completassem todos os elos da cadeia evolutiva do pensamento geográfico. Ficaremos em dívida com aqueles que desejariam um livro que encontraria sentido em se intitular "Os grandes quadros que construíram a Geografia". Do ponto de vista estritamente historiográfico, não há novidades e descobertas, mas há uma forma nova de interpretação daquilo que é conhecido como a história disciplinar e de alguns de seus grandes nomes. Por isso, a discussão trazida se pretende claramente epistemológica.

Conclusão: A Geografia é uma forma de pensar!

> "Até agora percorremos o país do entendimento puro, examinando cuidadosamente não só as partes que o compõem, mas também o medindo e fixando cada coisa em seu lugar próprio. Mas este país é uma ilha, a que a própria natureza impõe leis imutáveis. É o país da verdade (um nome sedutor), rodeado por um vasto e tumultuoso oceano, onde uma espessa neblina e bancos de gelo prontos a derreterem dão uma imagem enganosa de novos países e induzem, com falazes esperanças, o navegante cheio de sonhos de descobertas, enredando-o em aventuras que nunca consegue desistir e nem jamais levar a cabo. Antes de nos aventurarmos nesse mar para explorá-lo em toda sua extensão e averiguar se há algo a esperar dele, é conveniente olhar o mapa da terra que vamos abandonar, para indagarmos, em primeiro lugar, se acaso não poderíamos nos contentar com aquilo que ela contém, ou se não teríamos, forçosamente, de o fazê-lo, se em nenhuma parte houvesse terra firme onde assentar arraiais; e, em segundo lugar, perguntarmos a que título possuímos esse país e se podemos considerar-nos ao abrigo de quaisquer pretensões hostis."
>
> Kant, I., 1987, p. 970. [71]

É hora de voltarmos ao início da discussão pretendida e enunciada pela pergunta que abre este livro — o que é a Geografia? Essa pergunta, aliás, poderia bem ter sido escolhida como o título para

---
[71] Tradução do autor, ligeiramente modificada.

ele. Não o fizemos, pois pareceria mais uma daquelas iniciativas normativas que pretendem estabelecer de forma peremptória, absoluta e para todo o sempre os limites da disciplina. Reconheçamos, no entanto, que essa pergunta não necessariamente deve nos levar a isso. Perguntar sobre a natureza da Geografia é tentar reconhecer as formas pelas quais ela vem se desenvolvendo e criando uma identidade. Pode ser uma necessária tentativa de reflexão para distinguir suas competências e sua relevância. No panorama científico atual, é possível constatar a positiva participação dos geógrafos em muitas áreas temáticas diferentes. Vemos também se multiplicar a capacidade de estabelecer diálogos com muitos campos do conhecimento e somos levados a acompanhar algumas das principais discussões surgidas nesses campos. Tudo isso é muito importante e salutar, mas precisamos, de vez em quando, nos voltar para a discussão de nossos instrumentos de trabalho, nossos conceitos, nossa área de competências e aptidões. Nós, geógrafos, precisamos, no diálogo com os outros campos do conhecimento, ter claramente estabelecida a justificativa do valor do raciocínio geográfico para apresentar seu alcance, sua abrangência e sua importância. Só assim conquistamos com autonomia a autoridade para falar. Essa é a analogia que quisemos propor com o texto de Kant usado na abertura desta conclusão. Muito embora ele estivesse, com a imagem dessa "ilha", originalmente querendo discutir os limites do conhecimento racional, o paralelismo das intenções e a metáfora espacial por ele usada nos pareceram bastante eloquentes para os propósitos da nossa discussão.

Quando dizemos que a Geografia é a ciência que analisa e interpreta a ordem espacial das coisas, pessoas e fenômenos, somos, às vezes, julgados severamente como se restringíssemos o campo de atuação dessa disciplina. Tudo se passa como se a análise fundada na localização não fosse suficiente para estabelecer um ramo científico consistente e relevante. É que, dito assim, "a ordem espacial do mundo" pode parecer simples, mas de fato não o é. Explicar por que as coisas estão ali onde estão, por que são diferentes quando aparecem em outras localizações, explicar graus de proximidade e de distância, a posição, a forma e o tamanho envolve um raciocínio bastante sofisticado. Infelizmente, nem sempre se reconhece nessas perguntas toda a complexidade enredada nesse jogo de posições e como isso demanda uma operação complexa de mobilização de elementos variados que atuam pela posição e não respeitam os estritos limites disciplinares preestabelecidos. O raciocínio geográfico, por força de sua pergunta fundadora — por que isso está onde está? —, é levado a conectar elementos muito diversos que são necessariamente tomados juntos pelo fato de ali se apresentarem. Ao não nos darmos conta da complexidade e importância desse raciocínio que se esconde atrás da aparente simplicidade da pergunta, apelamos para amplas definições que dão a impressão de serem mais inclusivas, como a de que a Geografia estuda as relações entre a sociedade e a natureza. Essas definições podem, à primeira vista, parecer mais promissoras, mas são de fato banais e, por isso, comumente só têm curso em apressadas e pouco profundas reflexões epistemológicas sobre a Geografia.

Agora, vejam a ousadia, sugerimos não apenas que essa preocupação sobre os sistemas de localização funciona como um dado preliminar e fundador, sendo o objeto central da disciplina, mas também acrescentamos que isso compõe uma forma de pensar. Criam-se imagens e desenhos por meio dos quais somos desafiados a produzir sentido na variedade de elementos que ali aparecem sem o artifício da seleção antes daquilo que vamos considerar, pois não impomos o deslocamento das coisas do lugar onde aparecem e vivem.

O quadro geográfico, essa forma de pensar, não é uma propriedade dos geógrafos, uma ferramenta que nos pertence. É uma maneira de organizar o pensamento que coloca em prioridade o desenho, o traçado, quando consideramos a localização das coisas, pessoas e fenômenos. Por isso, em muitas outras disciplinas, o uso desses "quadros" pode ser atestado, das mais abstratas às mais concretas apresentações. Pretendemos afirmar que, sempre que esses quadros, fundados na localização, são usados como instrumentos do raciocínio, há nisso uma forma geográfica de pensar. Esperamos que, após o percurso realizado neste livro, nossos propósitos tenham sido assim compreendidos — A Geografia é também uma forma de pensar.

Bibliografia

Acot, P.; Bourguet, M-N. Au Chimborazo, la géographie des plantes. Martinière, G.; Lalande, T. (Dir.) *Aimé Bonpland, un naturaliste rochelais aux Amériques (1773-1858)*. Paris: Les Indes Savantes, 2010.

Alpers, S. *The Art of Describing*: Dutch Art in the Seventeenth Century. Chicago: University of Chicago Press, 1983.

Andrew, H. Les premiers cours de géographie de Paul Vidal de la Blache à Nancy (1873-1877). *Annales de Géographie*, v. 95, n. 529, p. 341-361, 1986.

Angotti-Salgueiro, H. A construção de representações nacionais: os desenhos de Percy Lau na Revista Brasileira de Geografia e outras "visões iconográficas" do Brasil moderno. *Anais do Museu Paulista*: História e Cultura Material, v. 13, n. 2, p. 21-72, 2005.

Arnheim, R. [1980]. *Arte e percepção visual*: uma psicologia da visão criadora. São Paulo: Pioneira, 2005.

Asendorf, C. La vue d'en haut: un nouveau mode de découverte du monde. In: Lampe, A. (Dir.) *Vue d'en haut*. Metz: Centre Georges Pompidou, 2013. p. 10-31.

Aubenque, P. Les philosophies hellénistiques: Stoïcisme, Épicurisme, Scepticisme. In: Châtelet, F. (Dir.) *La Philosophie*. Paris: Marabout Université, 1972. p. 137-174. Tomo I.

Aujac, G. *Claude Ptolomée. Astronome, astrologue, géographe*. Paris: CTHS, 1993.

Barthes, R. Eléments de sémiologie. *Communications*, v. 4, n. 4, p. 91-135, 1964.

Baumgarten, A. G. [1758]. *Esthétique*. Paris: L'Herne, 1988.

Berdoulay, V. *Des mots et des lieux*. Paris: Ed. du CNRS, 1988a.

Berdoulay, V. Idées aristotéliciennes et effet-discours dans la géographie d'origine méditerranéenne. *Annales de géographie*, n. 542, p. 404-418, 1988b.

Berdoulay, V. [1981]. *La formation de l'école française de géographie (1870-1914)*. Paris: Ed. du CTHS, 2008.

Berdoulay, V.; Saule-Sorbé, H. La mobilité du regard et son instrumentalisation. Franz Schrader à la croisée de l'art et de la science. *Finisterra*, v. 38, n. 65, p. 39-50, 1998.

Berdoulay, V.; Gomes, P. C. C. Image et espace public: la composition d'une scène. *Géographie et Cultures*, v. 73, p. 3-6, 2010.

Berdoulay, V.; Gomes, P. C. C.; Maudet, J. B. L'image dans l'écriture géographique: enjeux épistémologiques et valeur heuristique. Réflexions au détour des «tableaux géographiques». *Géographies et Cultures*, n. 93-94, p. 153-174, 2016.

Berque, A. *Les raisons du paysage*. Paris: Hazan, 1995.

Besse, J.-M. *Face au monde. Atlas, jardins, géoramas*. Paris: Desclée de Brouwer, 2003a.

Besse, J.-M. *Les grandeurs de la Terre. Aspects du savoir géographique à la Renaissance*. Paris: ENS Editions, 2003b.

Blankenstein, D. (2014). Le monde en cartes. In: Savoy, B.; Blankenstein, D. (Dir.). *Les frères Humboldt, l'Europe de l'Esprit*. Paris: PSL Research University, 2014. p. 125-129.

Boorstin, D. *Os descobridores*. Rio de Janeiro: Civilização Brasileira, 1989.

Bosi, A. *A dialética da colonização*. São Paulo: Cia. das Letras, 1992.

Bousquet-Bressolier, C. (Dir.). *L'œil du cartographe*. Paris: Ed. du CTHS, 1995.

Broc, N. *La géographie des Philosophes. Géographes et voyageurs du XVIIIe siècle*. Paris: Ophrys, 1975.

Broc, N. *La géographie de la Renaissance*. Paris: CTHS, 1980.

Brotton, J. *Uma História do Mundo em Doze Mapas*. Rio de Janeiro: Zahar, 2014.

Brunet, R. La composition des modèles en analyse spatiale. *L'Espace géographique*, v. 9, p. 253-265, 1980.

Brunhes, J. *La géographie humaine*. [1910] 3. ed. Paris: F. Alcan, 1934.

Buswell, G. T. *How People look at pictures*. Chicago: University of Chicago Press, 1935.

Buttimer, A. Alexander von Humboldt and planet earth's green mantle. *Cybergeo: European Journal of Geography*, 2012, Epistémologie, Histoire de la Géographie, Didactique. Disponível em: <http://cybergeo.revues.org/>.

Chateaubriand, F. R. de. [1828]. *Tableaux de la nature*. Paris: FB éditions, 2004.

Chorley, R.; Haggett, P. *Models in geography*. Londres: Methuen, 1967.

Claval P.; Nardy J.P. *Pour le cinquantenaire de la mort de Paul Vidal de la Blache*. Chevalier (Org.). Paris: Belles Lettres, 1968.

Claval, P. *Histoire de la Géographie*, Paris: PUF, 1995.

Claval, P. *Épistémologie de la géographie*. Paris: Armand Colin, 2001.

Collignon, B. *Les Inuit. Ce qu'ils savent du territoire*. Paris: L'Harmattan, 1996.

Cosgrove, D. *Social formation and symbolic landscape*. Madison: University of Wisconsin Press, 1993.

Cosgrove, D. *Apollo's eye. A Cartographic Genealogy of the Earth in the Western Imagination*. Baltimore and London: Johns Hopkins University Press., 2001.

Cosgrove, D. Globalism and Tolerance in Early Modern Geography. *AAAG*, v. 93, n. 4, p. 852-870, 2003.

Cosgrove, D. Apollo's Eye: a Cultural Geography of the Globe. *Hettner lecturer I*, 2005. Disponível em: <http://www.sscnet.ucla.edu/>.

Cosgrove, D. *Geography and vision*. Londres: I.B. Tauris, 2008.

Costa, M. H. B. V. Paisagem e simbolismo: representando e/ou vivendo o "real"? *Espaço e Cultura*, n. 15, p. 41-50, 2003.

Crane, N. *Mercator*: The Man Who Mapped the Planet. Londres: Phoenix, 2003.

Dainville, F. De la profondeur à l'altitude. Des origines marines de l'expression cartographique du relief terrestre par côtes et courbes de niveau. In: Michel, M. (Dir.). *Le navire et l'économie maritime du Moyen âge au XVIII siècle*. Paris: S.E.V.P.E.N, 1959. p. 195-209.

Daniels S. *Fields of vision. Landscape imagery and national identity in England and Wales*. Princeton: Princeton University Press, 1993.

Daniels, S.; De Lyser, D.; Entrikin, J. N.; Douglas, R. (Eds.). *Envisioning Landscapes, Making Worlds: Geography and the Humanities*. Londres: Routledge, 2011.

Darby, H. C. The problem of Geographical Description. *Institute of British Geographers*, Royal Geographical Society, n. 30, p. 1-14, 1962.

Darnton, R. *O grande massacre dos gatos e outros episódios da História cultural francesa*. São Paulo: Paz e Terra, 2014.

Deffontaines, P. Le rang, type de peuplement rural du Canada français. *Cahiers de géographie*, Université Laval, 1953, n. 5, p. 3-19, 1953.

Denègre, J.; Salgé, F. *Les systèmes d'information géographique*. Paris: PUF, 2004.

Diogènes, L. *Vies et doctrines des Stoïciens*. Paris: Librairie Générale Française, 2016 [século III].

Driver, F. On Geography as a visual discipline. *Antipode*, p. 227-231, 2003.

Dueck, D. *Strabo of Amaseia*: A Greek Man of Letters in Augustian Rome. Londres: Routledge, 2000.

Dunbar, G. S. Elisée Reclus and the Great Globe. *Scottish geographical magazine*, v. 90, n. 1, p. 57-66, 1974.

Duncan, J. *The city as text*: The politics of landscape interpretation in the Kandyan kingdom. Cambridge: Cambridge University Press, 1990.

Durand, G. *Les structures anthropologiques de l'imaginaire*. Paris: Dunod, 1993.

Elias, N. *A peregrinação de Watteau à ilha do amor*. Rio de Janeiro: Jorge Zahar, 2005.

Ellar, C. *You are here. Why we can find our way to the moon but get lost in the mall*. New York: Harper Collins, 2009.

Estrabão. *Géographie*. Tradução de A. Tardieu. Paris: Librairie Hachette, 1867 [aprox. 20 a.C.].

Farinelli, F. *De la raison cartographique*. Paris: CTHS-Editions, 2009.

Farinelli, F. *A invenção da terra*. São Paulo: Editora Phoebus, 2013.

Ferretti, F. *Il mondo senza la mappa. Elisée Reclus geografi anarchici*. Milan: Zero in Condotta, 2007.

Ferry, L. *Apprendre à vivre*. Paris: Plon, 2006.

Foucault, M. *Les mots et les choses*: Une Archéologie des Sciences Humaines. Paris: Gallimard, 1966.

Foucault, M. *Surveiller et punir*: Naissance de la prison. Paris: Gallimard, 1975.

Geertz, C. *The interpretation of cultures*. New York: Basic Books, 1973.

Glacken, C. *Traces on the Rhodian Shore*: Nature and Culture in Western Thought from Ancient Times to the End of the Eighteenth Century. Berkeley: University of California Press, 1967.

Godlewska, A. From enlightenment vision to modern science? Humboldt's visual thinking. In: Livingstone, D.; Whiters, C. (Eds.). *Geography and Enlightenment*. Chicago: Chicago University Press, 1999. p. 236-279.

Goethe, J. G. *Viagem à Itália. 1786-1788*. São Paulo: Cia. das Letras, 1999 [1803].

Goethe, J. G. *As afinidades eletivas*. São Paulo: Cia. das Letras, 1990 [1809].

Goethe, J. G. *Os sofrimentos do jovem Werther*. São Paulo: L&PM, 2007 [1774].

Gombrich, E. H. *Arte e ilusão*: um estudo da psicologia da representação pictórica. Rio de Janeiro: Martins Fontes, 1986 [1956].

Gomes, P. C. C. Milieu et métaphysique: une interprétation de la pensée vidalienne. In: Berdoulay, V. ; Soubeyran, O. (Org.). *Milieu,*

Colonisation et développement durable. 1 ed. Paris: L'Harmattan, 2000. p. 55-72.

Gomes, P. C. C. A cidade em imagens. *Cidades*, Presidente Prudente, v. 5, n. 5, 2008a.

Gomes, P. C. C. Trois images, trois scénarios, un lieu: des Français à Rio de Janeiro. In: Guicharnaud-Tollis, M. *et alii*. (Org.). *Regards Croisés entre la France et le Brésil*, L'Harmattan, Paris, p. 19-42, 2009.

Gomes, P. C. C. *O lugar do olhar*: elementos para uma geografia da visibilidade. Rio de Janeiro: Bertrand Brasil, 2013.

Gomes, P. C. C.; Ribeiro, L. P. A produção de imagens para a pesquisa em Geografia. *Espaço e Cultura*, n. 33, p. 27-42, 2013.

Gomes, P. C. C.; Fort-Jacques, T. Spatialité et portée politique d'une mise en scène: le cas des tentes rouges au long du Canal Saint-Martin. *Géographie et Cultures*, Paris, n. 73, p. 7-22, 2010.

Gomes, P. C. C.; Gois, M. P. F. A cidade em quadrinhos: elementos para a análise da espacialidade nas histórias em quadrinhos. *Cidades*, Presidente Prudente, v. 5, p. 17-32, 2008b.

Gomes, P. C. C. *Geografia e modernidade*. Rio de Janeiro: Bertrand Brasil, 1996.

Gomes, P. C. C. Cenários para a Geografia: Sobre a espacialidade das imagens e suas significações. In: Rosendahl, Z.; Corrêa, R. (Org.). *Espaço e Cultura*: pluralidade temática. Rio de Janeiro: EDUERJ, 2007. p. 187-210.

Gottmann, J. *La politique des Etats et leur géographie*. Paris: Armand Colin, 1952.

Gruzynski, S. *A guerra das imagens. De Cristovão Colombo a Blade Runner (1492-2019)*. São Paulo: Cia. das Letras, 2006.

Hadamard, J. *The Mathematician's Mind*: The Psychology of Invention in the Mathematical Field. Princeton: Princeton University Press, 1996.

Hamelin, L-E.; Hamelin, C. Les carrières canadiennes de Raoul Blanchard et Pierre Deffontaines. *Cahier de géographie du Québec*, p. 137-150, 1986.

Hamy, E. T. *Lettres américaines d'Alexandre de Humboldt*. Paris: Ed. Guimoto, 1905.

Harley, J. B. *The new nature of maps. Essays in the history of cartography*. Laxton, P. (Coord.). Baltimore: Johns Hopkins Press, 2001.

Harley, J. B.; Woodward, D. (Dir.). *The History of Cartography. Cartography in Prehistoric, Ancient, and Medieval Europe and the Mediterranean*. Chicago: University of Chicago Press, 1987. v. I.

Hartshorne, R. The Nature of Geography, *Annals of Association of American Geographers*, XXIX, 1939.

Hesíodo. *Teogonia. A Origem dos Deuses*. São Paulo: Iluminuras, 1995.

Houellebecq, M. *La carte et le territoire*. Paris: Flammarion, 2010.

Huerta, A. *La géographie, ça sert aussi les relations internationales. Le cas de Pierre Deffontaines aux Amériques (1934-1967)*. Université de La Rochelle, 2 vols. Tese de Doutorado, 2016.

Humboldt, A. von. *Tableaux de la nature*. Paris: F. Schœll., 1808.

Humboldt, A. von *Cosmos. Essai d'une description physique du monde*. Paris: Gide et Baudry, 1848. Tome I e II.

Humboldt, A. von. *Vues des cordillières et monuments des peuples indigènes de l'Amérique* (com apresentações de C. Minguet e J.-P. Duviols). Nanterre: Ed. Erasme, 1989 [1810].

Humboldt, A. von; Bonpland, A. *Essai sur la géographie des plantes, accompagné d'un tableau physique des régions équinoxiales*. Paris: Levrault, Schoell et Compagnie, Libraires, 1805.

Husserl, E. *A ideia de fenomenologia*. São Paulo: Edições 70, 1990.

Ildefonse, F. *Os Estoicos*. São Paulo: Estação Liberdade, 2007.

Jackson, P. *Maps of meaning*. Londres: Unwin Hyman, 1989.

Jacob, C. *Géographie et ethnographie en Grèce ancienne*. Paris: Armand Colin, 1991.

Jay, M. *Downcast eyes. The denigration of vision in Twentieth-century French thought*. Berkeley: University of California Press, 1995.

Kant, I. *Critique de la raison pure*. Paris: Flammarion, 1987 [1781].

Kant I. *Qu'est-ce que s'orienter dans la pensée* ? Trad. de A. Philonenko. Paris: Vrin, 1993 [1786].

Kant, I. *Géographie — Physische Geographie*. Tradução de M. Cohen-Halimi, M. Marcuzi e V. Seroussi. Paris: Aubier, 1999 [1802].

Kant, I. *Réflexions sur l'éducation*. Tradução de A. Philonenko. Paris: Vrin, 2000 [1803].

Kish, G. *La carte, image des civilisations*. Paris: Seuil, 1980.

Korzynbsky, A. A non-aristotelian system and its necessity for rigour in mathematics and physics. In: *Science and Sanity*, Conn International Non-Aristotelian, Lakeville, Library Publishing Co., 1993.

Krogt, P.; Groot, E. *Explokart Research Project, The Atlas Blaeu-van der Hem*. Netherlands: HES & De Graaf publishers, 2011. Disponível em: <www.explokart.eu/research/vanderhem.html>.

Lacoste, Y. *La géographie ça sert d'abord à faire la guerre*. Paris: Maspero, 1976.

Lampe, A. (Dir.). *Vue d'en haut*. Metz: Centre Georges Pompidou, 2013.

Laplace-Treyture, D. *Le genre régional. Ecriture et transmission du savoir géographique*. Tese, Université de Pau et des Pays de l'Adour, 1998.

Laurent, J. Strabon et la philosophie stoïcienne. *Archives de Philosophie*, n. 71, Caen, p. 111-127, 2008.

Lefort, I. Deux siècles de géographie scolaire. *EspaceTemps*, n. 66-67, p. 146-164, 1998.

Lessing, G. E. *Laocoonte ou sobre as fronteiras da pintura e da poesia*. São Paulo: Iluminuras, (1998) [1776].

Lestringant, F. *L'atelier du cosmographe ou l'image du monde à la Renaissance*. Paris: Albin Michel, 1991.

Lolive J.; Soubeyran O. *L'émergence des cosmo-politiques*. Paris: La Découverte, 2007.

Lowenthal, D. Geography, experience, and imagination: Towards a geographical epistemology. *Annals of the Association of American geographers*, 51, p. 241-260, 1961.

Mackinder, H. On the Scope and Methods of Geography. *Proceedings of the Royal Geographical Society*, n. 3, p. 141-174, 1887.

Marc Aurèle. *Pensées pour moi même*. Paris: Les Belles Lettres, 2015 [169 d.C.].

Mattos, C. V. de. A pintura de paisagem entre arte e ciência: Goethe, Hackert, Humboldt. *Terceira margem*, ano IX, n. 10, p.152-169, 2004.

Mendibil, D. "Jean Brunhes, photographe-iconographe" et "Deux 'manières': Jean Brunhes et Paul Vidal de la Blache". In: *Autour du Monde. Jean Brunhes. Regards d'un géographe/regards de la géographie*. Boulogne: Musée Albert Kahn, p. 140-157, 1993.

Mendibil, D. Essai d'iconologie géographique. *L'Espace géographique*, v. 4, p. 327-336, 1999.

Mendibil, D. Paul Vidal de la Blache, le «dresseur d'images». Essai sur l'iconographie de La France. Tableau géographqiue (1908). In: ROBIC, M.-C. (Dir.), *Le Tableau de la Géographie de la France de Paul Vidal de la Blache. Dans le Labyrinthe des formes*. Paris: Ed. du CTHS, 2000. p. 77-105.

Mendibil, D. O sistema iconográfico da geografia clássica francesa e Pierre Monbeig. In: Angotti-Salgueiro, H. (Org.). *Pierre Monbeig e a Geografia Humana Brasileira*. São Paulo: EDUSC, 2006. p. 235-250.

Mitchell, D. *Cultural geography. A critical introduction*. Oxford: Blackwell, 2000.

Mondzain, M.-J. *Le commerce des regards*. Paris: Seuil, 2003.

Müller-Hofstede, J. *Flemish art and Architecture 1585-1700*. Cambridge: Yale University Press, 1998.

Nadar, F. *Quand j'étais photographe*. Paris: Actes Sud, 1999.

Olsson, G. *Abysmal*: A critique of cartographic reason. Chicago: Chicago University Press, 2007.

Perec, G. *Tentative d'épuisement d'un lieu parisien*. Paris: Christian Bourgois, 1982.

Pitte, J.-R. *Le génie des lieux*. Paris: CNRS Editions, 2010.

Popper, K. *A sociedade aberta e seus inimigos*. Rio de Janeiro: Itatiaia Editora, 1998 [1945].

Ptolomeu, C. *Traité de Géographie*. Tradução de Halma. Paris: Librairie Blanchard, 1828 [aprox. 150 d.C.].

Raffestin, C. Théorie du réel et géographicité. *EspacesTemps*, v. 40-41, p. 26-31, 1989.

Ratzel, F. *Über Naturschilderung (Sobre a interpretação da natureza)*. Tradução de Marcos B. de Carvalho, M. Zanin. Revisão Técnica de Wolf Dietrich-Sahr. 1906. Disponível em: <www.uff.br/geographia/ojs/index.php/geographia/article/download/339/282>.

Reclus, E. L'enseignement de la Géographie. *Bulletin de la Société Belge d'Astronomie*, n. 11, p. 5-11, 1903.

Ricotta, L. *Natureza, Ciência e Estética em Alexander von Humboldt*. Rio de Janeiro: Mauad, 2003.

Ritter, K. *Géographie générale comparée*. Bruxelles: Établissement Encyclographique, 1837.

Robic, M.-C. Jean Brunhes un 'géo-photo-graphe' expert aux *Archives de la Planète*. In: *Autour du Monde. Jean Brunhes. Regards d'un géographe/regards de la géographie*. Boulogne: Musée Albert Kahn, 1993. p. 109-137.

Robic, M.-C. Variations sur la forme: L'exercice cartographique à l'école, 1868-1889. *Mappemonde*, n. 3, p. 34-40, 2001.

Robic, M.-C. (Dir.). *Le* Tableau de la géographie de la France *de Paul Vidal de la Blache. Dans le labyrinthe des formes*. Paris: Ed. du CTHS, 2000.

Rose, G. On the Need to Ask How, Exactly, Is Geography 'Visual'? *Antipode*, v. 35, Issue 2, p. 212-221, 2003.

Rose, G. *Visual methodologies: an introduction to interpreting visual materials*. United Kingdom: Sage Publications Ltd, 2006.

Rosenfeld, A. *Autores Pré-Românticos Alemães*. São Paulo: Consclho Estadual de Cultura, 1965.

Rostand, J. *Esquisse d'une histoire de la biologie*. Paris: Gallimard, 1945.

Ryan, J. Who's affraid of visual culture? *Antipode*, v. 35, p. 232-237, 2003.

Sallas, A. L. F. *Ciência do homem e sentimento da natureza. Viajantes alemães no Brasil do século XIX*. Curitiba: Editora UFPR, 2013.

Savoy, B.; Blankenstein, D. (Dir.). *Les frères Humboldt, l'Europe de l'Esprit*. Paris: PSL, Research University, 2014.

Schmithüsen, J. Die Entwicklung der Landschatsidee in der europäischen Malerei als Vorgeschichte der wissenschaftlichen Landschaftsbegriffes. *Geographische Zeitschrift*, v. 33, p. 70-80, 1973.

Sion, J. L'art de la description chez Vidal de la Blache. In: *Mélanges de philosophie, d'histoire et de littérature offerts à Joseph Vianey*. Paris: Les Presses Françaises, 1934. p. 479-487.

Suess, E. *The Face of the Earth, Das Antilitz der Erde*. Oxford: Clarendon Press, 1909 [1885-1909].

Thornes, J. The Visual Turn and Geography (response to Rose 2003 intervention). *Antipode*, p. 787-794, 2004.

Thrift, N. An introduction to time-geography. Concepts and techniques in modern geography, 13. Norwich: *Geo Abstracts*, University of East Anglia, 1977.

Tuan, Y.-F. Surface phenomena and aesthetic experience. *Annals of the Association of American geographers*, 79, p. 233-241, 1989.

Vallaux, C. *Les sciences géographiques*. Paris: F. Alcan, 1924.

Vernant, J.-P. *Les origines de la pensée grecque*. Paris: PUF, 1962.

Vidal de la Blache, P. Le principe de la géographie générale. *Annales de géographie*, 5, p. 129-141, 1896.

Vidal de la Blache, P. *Tableau de la géographie de la France*. In: LAVISSE, E. et al. *Histoire de France depuis les origines jusqu'à la Révolution*. Paris: Hachette, 1903. Tomme I.

Vidal de la Blache, P. *La France. Tableau géographique*. Paris: Hachette, 1908.

Vidal de la Blache, P. *Principes de géographie humaine*. Paris: A. Colin, 1921.

Woodward, D. (Dir.). *Art and cartography. Six historical essays*. Chicago: University of Chicago Press, 1987.

Woodward, D. (Dir.). *Cartography in the European Renaissance*. Chicago: University of Chicago Press, 2007. v. 3.

Wulf, A. *A invenção da Natureza. A vida e as descobertas de Alexander von Humboldt*. São Paulo: Ed. Planeta, 2016.

Yarbus, A. L. *Eye Movements and Vision*. New York: Plenum, 1967 [1962].

Zangara, A. *Voir l'histoire. Théories anciennes du récit historique*. Paris: Vrin, 2007.

Este livro foi composto na tipografia
Minion Pro, em corpo 11/15, e impresso em
papel off-set no Sistema Digital Instant Duplex
da Divisão Gráfica da Distribuidora Record.